U0210630

中沙群岛造礁石珊瑚

黄 晖　江 雷　林 强　练健生 著

科 学 出 版 社

北 京

内 容 简 介

中沙群岛为中国南海四大群岛之一，位于东沙群岛、海南岛、西沙群岛和南沙群岛之间的中心位置。中沙群岛属于海洋型岛屿，但绝大多数为隐伏在海水之下的暗沙和暗礁，宏观地貌形态为珊瑚礁，主要由黄岩环礁和中沙大环礁组成。本书重点关注中沙群岛珊瑚礁框架生物造礁石珊瑚的物种多样性，首先论述了中沙群岛的地理和环境特征、中沙群岛珊瑚礁的研究历史和现状，随后根据国际最新的造礁石珊瑚分类研究成果对中沙群岛造礁石珊瑚逐一展开详细描述，并结合水下原位生态照片展示其典型特征。本书共记录中沙群岛造礁石珊瑚 200 种，隶属 16 科 58 属，为研究南海造礁石珊瑚多样性和分布格局提供了第一手基础资料。

本书可作为海洋科学领域研究人员的参考书，也可以向社会公众展示我国南海珍贵的珊瑚礁资源。

图书在版编目（CIP）数据

中沙群岛造礁石珊瑚 / 黄晖等著. — 北京：科学出版社, 2023.6
ISBN 978-7-03-074031-1

Ⅰ. ①中… Ⅱ. ①黄… Ⅲ. ①中沙群岛 – 珊瑚礁 Ⅳ. ①P737.2

中国版本图书馆CIP数据核字(2022)第227408号

责任编辑：王海光　王　好 / 责任校对：郑金红
责任印制：肖　兴 / 书籍设计：北京美光设计制版有限公司

科学出版社 出版
北京东黄城根北街16号
邮政编码：100717
http://www.sciencep.com
北京华联印刷有限公司 印刷
科学出版社发行　各地新华书店经销
*
2023年6月第　一　版　开本：889 × 1194　1/16
2023年6月第一次印刷　印张：13
字数：421 000

定价：258.00元

（如有印装质量问题，我社负责调换）

前　言

中沙群岛位于南海诸岛的中间位置，被东沙群岛、海南岛、西沙群岛和南沙群岛环绕。中沙群岛主要由黄岩环礁和中沙大环礁组成，属于典型的海洋型岛屿，宏观地貌形态为珊瑚礁，除黄岩岛之外，绝大多数为隐藏于海水之下的暗沙和暗礁。中沙群岛岛礁散布范围之广仅次于南沙群岛，最北始于神狐暗沙，最南可达波洑暗沙，最东至黄岩岛，海域面积共有60多万平方千米。

中沙群岛远离大陆，受人类活动污染与破坏的影响较小，过去多认为中沙群岛珊瑚礁生态系统保存相对较好，但近年来在调查中发现，长棘海星在中沙群岛大暴发导致珊瑚大面积死亡，中沙大环礁外围的某些站位活珊瑚覆盖率接近于零，因此对中沙群岛珊瑚礁生态系统的监测和保育亟待加强。

与西沙群岛和南沙群岛相比，对中沙群岛珊瑚礁生物多样性的研究和调查零星而稀少。主要是由于中沙群岛的珊瑚礁分布水深多在20 m以下，而且海况复杂，经常浪大流急，导致野外潜水开展珊瑚礁生态调查的难度和风险较大。为了推动相关研究进展，在国家科技基础资源调查专项“中沙群岛综合科学考察”（2018FY100100）的支持下，作者团队从2019年开始对中沙群岛开展了全面的珊瑚礁科学考察，共计三次，拍摄了近两万张水下珊瑚生态照片，系统梳理了中沙群岛的造礁石珊瑚多样性，并撰写完成本书。书中共记录中沙群岛造礁石珊瑚200种，隶属16科58属，每种珊瑚均详细描述其生物学特征、生境及分布、保护及濒危等级，并展示水下原位生态照片。

本书内容翔实丰富，为中沙群岛珊瑚礁的保育管理和研究南海造礁石珊瑚分布的生物地理格局提供了第一手参考资料。希望本书能对中沙群岛珊瑚礁的研究和保护起到一定促进作用，推动我国珊瑚礁学科的发展和进步。

黄　晖

2023年4月

致 谢

本书的出版得到国家科技基础资源调查专项“中沙群岛综合科学考察”（2018FY100100）的支持和资助，特此致谢！此外，向参与野外科考调查的所有工作人员致以最衷心的感谢！

目 录

总论

各论

中沙群島

造礁石珊瑚

总 论

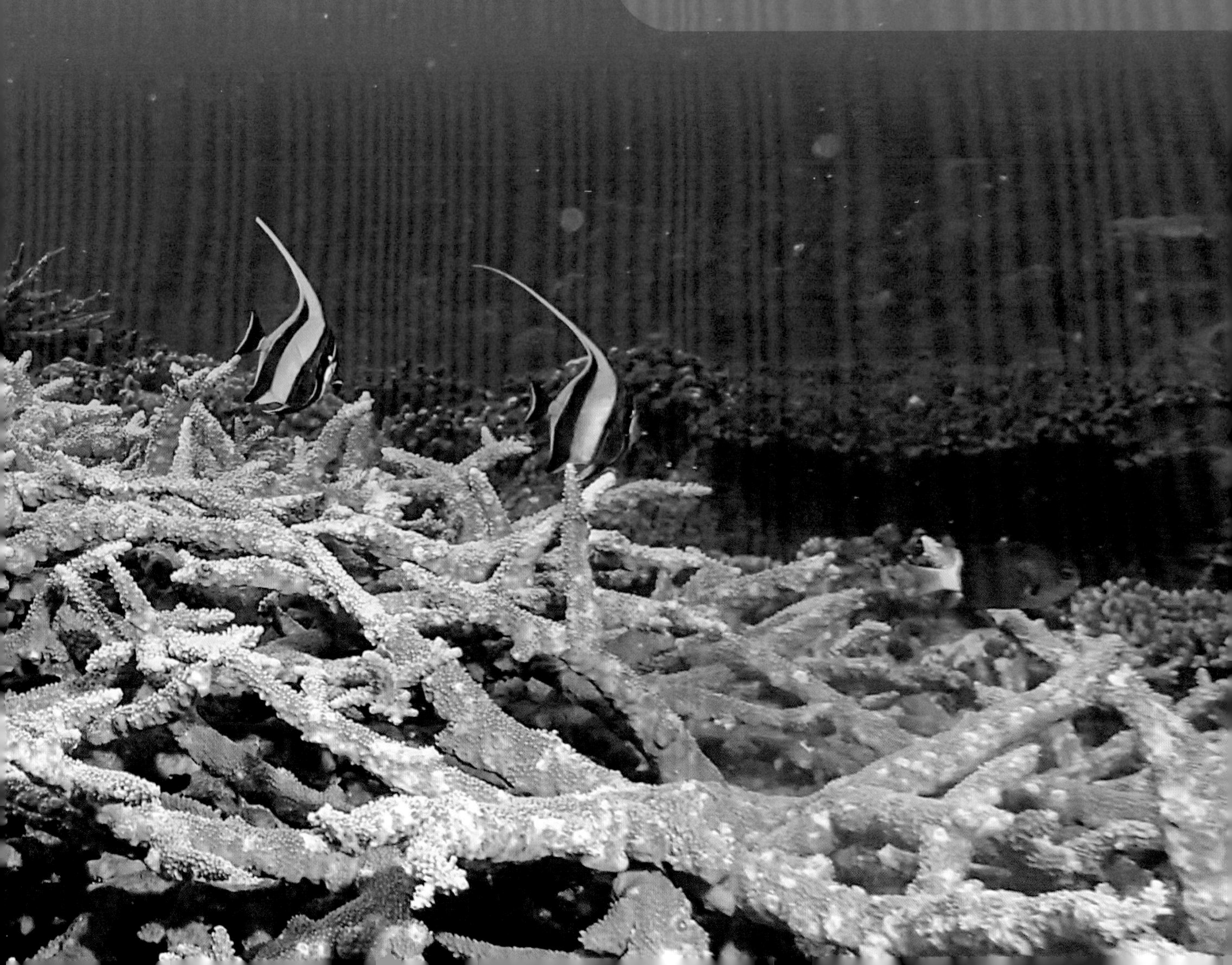

一、中沙群岛的自然地理概况

中沙群岛，古称“红毛浅”“石星石塘”等，为中国南海四大群岛之一，在南海诸岛中位置居中，位于西沙群岛的东南方向，被东沙群岛、海南岛、西沙群岛和南沙群岛环抱，中心位置距西沙群岛主岛永兴岛 200 km。中沙群岛岛礁散布的范围之广仅次于南沙群岛，最北始于神狐暗沙，最南止于波洑暗沙，最东可达黄岩岛，地理坐标为北纬 13° 57′～19° 33′，东经 113° 02′～118° 45′，南北纵越纬度约 5° 36′，东西横跨经度计 5° 43′。中沙海区包括中沙隆起带和黄岩隆起带，海域面积共有 60 多万平方千米。

中沙群岛属于海洋型岛屿，但绝大多数为隐伏在海水之下的暗沙和暗礁，宏观地貌形态表现为中沙海底高原，为珊瑚礁地貌。中沙群岛主要发育在中央深海盆和北部陆坡边缘的海山顶部，主要由黄岩环礁和中沙大环礁组成，其中仅有黄岩环礁的礁缘部分露出海面形成中沙群岛唯一的岛礁——黄岩岛，其余均为暗沙和暗礁。中沙大环礁上有 26 座已命名的暗沙，此外还有 4 座发育在不同的海山之上呈分散分布的暗沙，分别是位于中央深海盆的宪法暗沙和中南暗沙，以及分布于北部陆坡上的一统暗沙和神狐暗沙。

中沙大环礁为中沙群岛的主体，全部为海水淹没，整体略呈椭圆形，长轴东北—西南走向，延伸约 140 km，宽可达 60 km，立体形态呈短柱状，顶部水深在 9～26 m。中沙大环礁是南海中最大的环礁，位于西沙群岛东南方向，发育在南海西大陆坡东部的中沙台阶之上，西邻水深约 2500 m 的中沙海槽，东边是陆壳和洋壳的交界处，为深而大的地壳断裂带，以约 50° 的陡坡下降到 4000 m 的中央海盆上。

中沙大环礁的礁缘位置和潟湖内均有暗沙分布，其中大环礁四周突起的礁缘部分有均匀分布的珊瑚暗礁、暗滩和暗沙，已命名的共有 20 座，分别为隐矶滩、武勇暗沙、济猛暗沙、海鸠暗沙、安定连礁、美溪暗沙、布德暗沙、波洑暗沙、排波暗沙、果淀暗沙、排洪滩、涛静暗沙、控湃暗沙、华夏暗沙、西门暗沙、本固暗沙、美滨暗沙、鲁班暗沙、中北暗沙和比微暗沙。大环礁中部为潟湖，潟湖自东北至西南水深 9.1～109 m，其中分布着许多暗沙，已命名的有 6 座，分别为石塘连滩、指掌暗沙、南扉暗沙、屏南暗沙、漫步暗沙和乐西暗沙。

黄岩岛为一个略呈等腰直角三角形的大环礁，是中沙群岛唯一露出水面的岛礁，是在涨潮时高于水面、自然形成的陆地区域，而不是终年隐藏于水底的沙洲或暗礁。黄岩岛地理坐标为北纬 15° 08′～15° 14′，东经 117° 44′～117° 48′，位于中沙大环礁以东约 300 km，距西沙群岛主岛永兴岛约 600 km，毗邻马尼拉海沟。黄岩岛东西长 15 km，南北宽 15 km，周长约 55 km，四周为水深 0.5～3.5 m 的环形礁盘，礁盘宽 2～4 km，内部形成一个面积为 130 km^2 的潟湖。潟湖内水色青绿，和礁盘外深海蓝黑水色不同，潟湖内水深一般在 10～20 m，其中有珊瑚点礁散布。环礁外围为礁前斜坡，外礁坡边缘陡峭，以 15°～18° 的坡度下降至水深 3500～4000 m 的海底。潟湖东南面有一条宽约 400 m、水深 4～12 m 的礁门水道与外海相通。

从地质学上看，中沙大环礁属于大陆坡地形，而黄岩岛是独立升起在南海海盆之上的洋壳性质的环礁，其东的马尼拉海沟是中沙群岛与菲律宾群岛的自然地理分界，因此黄岩岛有十分重要的战略地位。黄岩岛礁盘上礁块星罗棋布，退潮时可见约 380 块礁石露出水面，多为土黄色，故名黄岩岛。黄岩岛礁盘南北两端的礁块最为密集，东南部礁坪上有一座耸立海面的巨大珊瑚礁石块，其周长 8 m，上部面积 3 m^2，高出水面 1.8 m，高出礁坪约 3 m，名为南岩，坐标为北纬 15° 08′，东经 117° 48′；北岩位于黄岩岛礁坪的北部尖角，露出水上面积 4 m^2，高出水面 1.5 m，南岩和北岩之间相距约 18 km。礁盘外围部分在波浪、潮汐冲蚀下，发育了深约 3 m 的放射梳齿状的沟槽结构，是造礁石珊瑚和礁栖生物栖息繁衍的场所。

在地质构造上，中沙群岛属于南海陆缘地堑系之下的二级构造单元——陆坡断块区，位于南海陆缘地堑系的中部，由南海北部华南陆块于新生代拉张而成的漂离岛块，和西沙群岛一起形成西沙 - 中沙隆起带，并向东延伸至黄岩隆起带。中沙群岛海区包括中沙隆起带和黄岩隆起带，其边缘受北东向断裂构造控制，中沙隆起带基底为褶皱的前寒武纪强烈变质的花岗片麻岩和混合岩类等，其上发育有厚千余米的珊瑚礁体，表层沉积主要是珊瑚和有孔虫碎屑及砂泥。中沙大环礁的礁环部位有平缓型和深切型两种通道，可以保证环礁内潟湖水体与外界海水充分交换。中沙大环礁的沉积相可以划分为礁前塌积带、珊瑚生长带、礁核带和潟湖带。礁前塌积带水深 60 ～ 400 m，由礁块、砾石和生物碎屑堆积而成，有活的水螅珊瑚、八放珊瑚、红藻和海百合等生物；珊瑚生长带水深 20 ～ 60 m，可见造礁石珊瑚、八放珊瑚、红藻及礁栖生物；礁核带水深在 20 m 以内，分别为暗沙或礁滩，是各种造礁石珊瑚、造礁红藻和绿藻偏好的生长发育水深范围；潟湖带水深 20 ～ 85 m，其造礁珊瑚的种类与礁核带和珊瑚生长带类似（黄金森，1987）。

黄岩岛的形成与南海海盆地质构造发育过程密切相关，南海海盆东部的海岭顶部高出海面形成火山峰，火山峰在海底扩张作用下发生侧向移动，火山作用停息后受海蚀作用而呈现为略低于海面的平顶山，平顶山在随洋壳继续侧向推移的同时伴随洋壳发生下沉，待下沉到一定程度后即不再下沉。在下沉过程中，在适宜的热带海洋环境条件下，造礁珊瑚在平顶山的顶部固着并不断繁衍生息，不断沉积并向上生长，其纵向生长速率接近洋壳下沉速度，最终形成环礁（黄金森，1980）。

二、中沙群岛生态环境和生物资源

中沙群岛所处的纬度低于西沙群岛，位于北纬 10° 以北，属热带海洋性季风气候，其主要气候特征是日照时间长，辐射总量大，温差小，终年温暖湿润，风大雾小，降水丰沛并自北向南递增，干湿季分明。中沙群岛的年平均气温约 27℃，气温随季节变化明显，日变化大致呈一峰一谷型，最高值出现在 14 时，最低值出现在 0 时左右；春秋两季的气温日变化较为明显，平均日差大于 1℃，冬夏两季的日变化不明显，平均日差小于 1℃。中沙海域的海水表层水温 27 ～ 30℃；由于受大陆气候和陆地径流影响小、深海盆地水体深厚等原因，海水盐度较高，为 32.5‰～ 34‰；海水透明度高，通常可达 35 ～ 38 m，为光合造礁生物提供了良好的环境条件。

中沙群岛海域春季盛行东—东南风，平均风速小于 7 m/s，夏季盛行西南风，风力多为 4 ～ 5 级，秋季为风向转换季节，各风向均有，风力为 3 ～ 4 级，冬季则以东北风为主，风力多大于 6 级，台风旺季在 9 ～ 11 月，其中 10 月份最多。中沙海域的降雨多由积状云形成，是持续时间较短的阵雨，降雨多集中在夏季，冬季最少。

中沙群岛是各种造礁和钙化生物（包括珊瑚、藻类、软体动物、有孔虫等）的地质产物，全部属于珊瑚礁地貌。中沙海域水下珊瑚丛生，造礁珊瑚构成的复杂生境结构为众多珊瑚礁生物提供了繁衍栖息的场所，各个门类的生物均有其代表，共同组成生物多样性极高的生物群落。中沙群岛的生物类群有浮游动植物、底栖无脊椎动物、游泳生物等，从分类学角度主要包括藻类、腔肠动物、棘皮动物、甲壳动物、软体动物、鱼类、爬行动物和哺乳动物等，其中腔肠动物中的造礁石珊瑚和多孔螅是中沙海域最为关键的生物类群，它们通过钙化不断分泌碳酸钙骨骼，参与珊瑚礁礁体的形成和珊瑚礁生境的构建。中沙环礁附近海域是我国珊瑚礁渔业的重要渔场，盛产金带梅鲷、旗鱼、箭鱼、金枪鱼等多种水产鱼类，有重要的经济价值，为我国渔民进行捕捞作业的渔场。黄岩岛海域同样盛产多种经济价值较高的鱼类，是海南、广东等地渔民的传统渔场。2006 年，中沙群岛渔业资源调查显示捕获的主要经济鱼类有裸胸鳝、石斑鱼、笛鲷、裸颊鲷、鲹科鱼类和大眼鲷等。2013 年，海南省在中沙群岛的漫步暗沙设置了中沙海域的第一个海洋渔业资源科研基地，也是国务院批准设立三沙市后第一个获批的科研项目，主要用于开展渔业资源增殖放流和优质水生生物资源增养殖的科学研究实验。

三、中沙群岛研究历史和现状

尽管我国对中沙群岛珊瑚礁海域生物资源的开发利用已有很长的历史，但是和西沙群岛、南沙群岛相比，目前对中沙群岛珊瑚礁生物多样性和渔业资源的专业调查和研究还相对较少。1975 ～ 1976 年，中国科学院南海海洋研究所和国家水产总局南海水产研究所对中沙群岛海域的海洋生物资源和大洋性鱼类资源分别进行了调查，随后发表了《我国西沙、中沙群岛海域海洋生物调查研究报告集》和《西、中沙、南沙北部海域大洋性鱼类资源调查报告》；1996 年，海南省海洋厅调查领导小组发布了《海南省海岛资源综合调查研究报告》，其中有关于中沙群岛海区的气候、海洋水文、海水化学、海洋生物、地质地貌等信息。沈寿彭和吴宝铃（1978）报道了中沙群岛的浮游多毛类 11 种；陈柏云（1982）报道了中沙群岛的浮游桡足类的种类组成。黄金森（1980；1987）报道了黄岩岛和中沙大环礁的地质结构和特征；刘韶（1987）探讨了中沙群岛礁湖的沉积特征。

近年来，有关中沙群岛的研究报道逐渐增多，主要涉及中沙群岛的地质成因、海域渔业资源现状、浮游生物和海水污染等方面，但大多数研究集中在黄岩岛海域。鄢全树等（2007a；2007b）报道了中沙表层沉积物中火山灰的矿物相、物质来源和类型。黎雨晗等（2020）通过广角与多道地震探测研究了中沙大环礁海区的地壳结构及地层 - 构造特征，发现中沙环礁区地壳厚度在 25 km 左右，为轻微减薄的坚硬大陆块体，环礁整体构造相对稳定，无岩浆活动出现，但在环礁周缘深部和浅部发现岩浆活动痕迹，作者推测是裂后期岩浆物质沿着深大断裂上涌的结果。

孙典荣等（2006）研究了中沙群岛春季珊瑚礁鱼类资源组成，发现中沙环礁主要经济鱼类有鲨鱼、裸胸鳝、石斑鱼、笛鲷、裸颊鲷、鲹科鱼类和大眼鲷等。Zhu 等（2010）研究了西沙和中沙群岛海域珊瑚礁鱼类多样性特点，发现西沙和中沙群岛的珊瑚礁鱼类丰富度与南沙群岛较为相似，基本表现为距离越远，相似性系数越小的特点。陆化杰等（2018）研究了厄尔尼诺现象对中沙群岛鸢乌贼 *Sthenoteuthis oualaniensis* 渔业生物学特性的影响，结果发现 2016 年春季厄尔尼诺期间中沙环礁海域的平均表温比上一年低 0.213℃，此时鸢乌贼个体大小比正常年份小 20 mm，证实厄尔尼诺可能会对该海域鸢乌贼的渔业生物学特性产生不利影响。

此外，Ke 等（2016）研究了黄岩岛潟湖内外营养盐和浮游植物的空间结构，发现浮游植物含量在潟湖口门位置最高，作者推测这可能和渔船的营养输入以及西南风造成的聚集有关，随后作者又比较了南海 6 个珊瑚礁潟湖的浮游植物丰度和初级生产力，发现中沙群岛黄岩岛潟湖的主要浮游植物类群是超微型浮游植物，而且浮游植物生物量和初级生产力最高，推测黄岩岛可能受到富营养化的影响。相似地，Li 等（2018）报道了黄岩岛海域的浮游动物，在潟湖内记录到 48 种动物，主要是浮游幼虫和桡足类，然而在礁坡迎风侧记录到 114 种浮游动物，主要是桡足类、管水母、毛颚类、尾海鞘、多毛类及浮游幼虫。王璐等（2017）报道了黄岩岛海水的重金属含量，发现符合国家一类水质标准，然而 Zhang 等（2018）却在黄岩岛珊瑚礁表层海水中检测出大环内酯类抗生素，浓度达 0.23 ng/L，作者发现这些抗生素从近岸到离岸存在明显的浓度梯度，可能是由近岸传递而来，研究认为这些抗生素对离岸珊瑚生长存在潜在危害。Guo 等（2019）发现黄岩岛海水溶解态无机氮浓度达 1.36 μmol/L，高于西沙和南沙群岛，而且营养盐浓度和珊瑚礁大型藻类覆盖率显著相关。由此可见，虽然中沙群岛在南海诸岛中海洋生态系统保持较好，远离大陆，人类生产活动的污染与破坏较小，但近年来其受到的影响和威胁也逐渐显现。

四、中沙群岛的造礁石珊瑚

中沙群岛主要是造礁石珊瑚的地质产物，属于典型的珊瑚礁体，有关中沙群岛造礁石珊瑚多样性的研究至今仍屈指可数。中沙群岛造礁石珊瑚最早的记录可追溯至1987年，黄金森（1987）在报道中沙大环礁特征时提到了中沙群岛有造礁石珊瑚16属，分别为沙珊瑚属、杯形珊瑚属、鹿角珊瑚属、薄层珊瑚属、蔷薇珊瑚属、星孔珊瑚属、牡丹珊瑚属、石芝珊瑚属、穴孔珊瑚属、蜂巢珊瑚属、角蜂巢珊瑚属、角孔珊瑚属、滨珊瑚属、真叶珊瑚属、同星珊瑚属和干星珊瑚属，但未明确具体物种。佟飞等（2015）于2014年对中沙群岛中北暗沙与漫步暗沙海区的造礁石珊瑚进行了调查研究，发现中北暗沙有7种造礁石珊瑚，活珊瑚覆盖率为7.3%，主要优势种为鬃棘蔷薇珊瑚 *Montipora hispida*，漫步暗沙活珊瑚覆盖率高达53.8%，但仅有30种造礁石珊瑚，主要优势种为埃氏杯形珊瑚 *Pocillopora eydouxi*，作者分析发现不同区域石珊瑚物种组成和多样性存在显著差异，可能与海流和水深等因素有关。最近，Liang 等（2021）在研究黄岩岛不同属和不同形态造礁石珊瑚体内虫黄藻密度时报道了来自黄岩岛的4科11属53种造礁石珊瑚。

中沙群岛的珊瑚礁分布水深多在20 m及以下，地形复杂，而且经常发生浪大流急的海况，通过水肺潜水开展珊瑚礁调查的难度非常大，截至目前有关中沙群岛造礁石珊瑚多样性状况仍未有全面详细的调查研究和报道。2018年底，国家科技基础资源调查专项“中沙群岛综合科学考察”项目获批立项，由中国科学院南海海洋研究所牵头，2019～2021年连续三年组织了中沙群岛综合科学考察航次，在中沙大环礁、一统暗沙、神狐暗沙和黄岩岛等海域展开了珊瑚礁生态调查，三年来共拍摄了近两万张水下珊瑚生态照片，从中鉴定造礁石珊瑚200种，隶属16科58属。2019年，中沙群岛综合科学考察航次调查数据显示活珊瑚覆盖率空间分布差异较大，介于20%到66%之间，平均为43.7%。其中，中沙大环礁内部的平均珊瑚覆盖率约为60%，高于中沙大环礁外围的41%（图1）。2020～2021年，中沙群岛综合科学考察航次均发现了长棘海星暴发的现象（图2），在大环礁北部区域造成大量的珊瑚死亡，说明长棘海星对南海珊瑚礁的影响已由西沙群岛和南沙群岛蔓延至中沙群岛。因此，对中沙群岛珊瑚礁生态系统的监测和保育亟待加强，以保护这一珍贵的离岸型珊瑚礁资源。

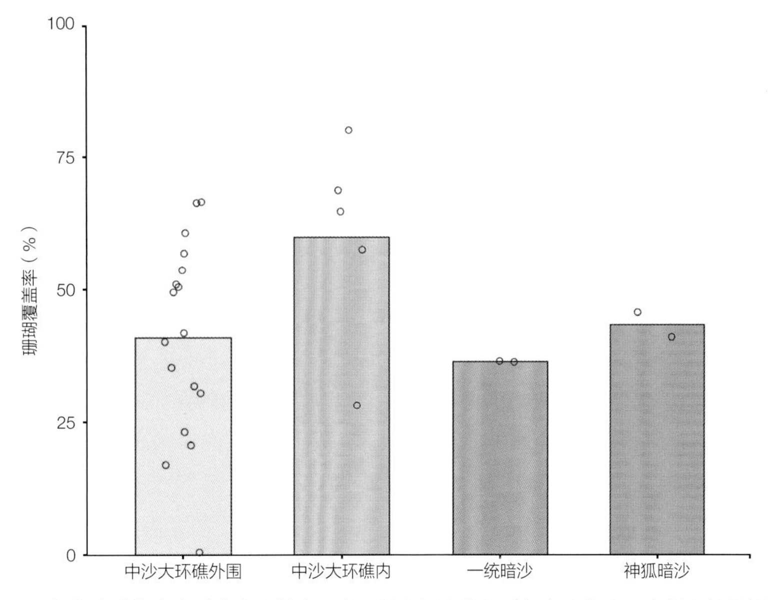

图1　2019年中沙群岛综合科学考察航次珊瑚覆盖率调查数据（每个点代表一个调查站位的覆盖率）

图 2 中沙群岛正在摄食珊瑚的长棘海星

五、造礁石珊瑚分类研究简介

造礁石珊瑚（hermatypic/reef-building coral）是珊瑚礁生态系统的框架生物，隶属刺胞动物门 Cnidaria 珊瑚虫纲 Anthozoa 六放珊瑚亚纲 Hexacorallia 石珊瑚目 Scleractinia。造礁石珊瑚是依据其生态学特征从石珊瑚目中划分出来的一个重要类群，其典型特征是钙化形成文石晶型的碳酸钙骨骼以及珊瑚和虫黄藻的共生关系，它们主要栖息于温暖、贫营养、透明度高的热带亚热带浅海，对珊瑚礁礁体的形成过程有重要贡献。造礁石珊瑚本身是一个复杂的全共生体（holobiont），除珊瑚虫和其内胚层细胞内共生的虫黄藻之外，还包括众多其他的共附生微生物，包括细菌、真菌、病毒等。造礁石珊瑚对海水水温要求严格，适宜的温度范围是 20 ～ 28℃，正常情况下虫黄藻可以进行光合作用并将大部分光合作用产物转移给珊瑚宿主以满足其能量需求同时促进珊瑚钙化，而珊瑚钙化所形成的骨骼形态各异，形成了珊瑚礁生态系统复杂的三维空间结构，为众多门类的海洋生物提供了栖息繁衍的场所。

全球范围内造礁石珊瑚主要有两大分布区系，即大西洋 - 加勒比区系（Atlantic-Carribean fauna）和印度 - 太平洋区系（Indo-Pacific fauna），我国南海珊瑚礁是印度 - 太平洋区系的重要组成部分。经过整理文献，南海珊瑚礁有记录的造礁石珊瑚有 445 种，约占印度 - 太平洋区系石珊瑚总数的三分之一，其中南沙群岛的多样性最高（黄林韬等，2020；黄晖等，2021）。造礁石珊瑚大多数为群体生物，少数营单体生活，其基本组成单元为珊瑚虫，肉质的珊瑚虫居于一个杯状的碳酸钙骨骼内，称为珊瑚杯（corallite），多数珊瑚的珊瑚杯直径在 1 ～ 10 mm，而单体珊瑚的珊瑚杯直径最大可达 50 cm，且多为自由生活型。石珊瑚通过水螅体不断发生无性出芽生殖（asexual budding）形成群体，一株珊瑚通常由数千个基因型相同的水螅体通过共肉相互关联形成群体。当珊瑚杯从中部一分为二时称之为内触手芽生殖（intra-tentacular budding），当新生水螅体出现在珊瑚杯侧面时称之为外触手芽生殖（extra-tentacular budding）。

珊瑚虫的结构比较简单，常由一圈触手和管状的身体及体腔组成，这一结构又称水螅体（polyp）。触手围绕的口盘位置中部有一个狭长的口，触手通常可以伸缩，其上有大量刺细胞，其内的刺丝囊用于捕食和防御；食物的摄入和废弃物的排出均通过口，因此体腔也称为消化循环腔。内杯壁的内胚层向身体中央延伸形成辐射状的隔膜，隔膜内缘常形成隔膜丝，司防御、捕食和消化，同时也是性腺发育的位置。尽管珊瑚水螅体的结构很简单，其下的骨骼结构却极其精细复杂，是石珊瑚分类鉴定的主要依据。水螅体之下对应的石灰质骨骼部分称为珊瑚杯，每个珊瑚杯内有按一定次序排列的垂直竖板称为隔片（septum）；珊瑚杯中心的骨骼结构称为轴柱（columella），珊瑚杯最外围为杯壁，隔片越过杯壁向外延伸的结构称为珊瑚肋（costa）。群体内不同珊瑚杯之间通过横板相连，这部分骨骼称为共骨（coenosteum）。

石珊瑚整体的生长形态是最直观的分类特征，常见生长型有块状（massive）、柱状（columnar）、皮壳状（encrusting）、分枝状（branching）、叶状（foliaceous）、板状（laminar）和自由生活（free-living）。珊瑚杯的形态和排列方式是石珊瑚分类的重要特征，主要类型有融合形（plocoid）、笙形（phaceloid）、多角形（cerioid）、沟回形（meandroid）和扇形 - 沟回形（flabello-meandroid）。属及以下阶元的分类则依据珊瑚杯的大小和形状，隔片的轮数、长短和排列方式，隔片及共骨上的附属装饰结构，以及无性出芽生殖的方式等特征。例如，杯形珊瑚有多个珊瑚杯聚集隆起形成的疣突（verruca），刺叶珊瑚的共骨有均匀的珠状突起，蔷薇珊瑚的共骨上则有大小形态各异的结节（tuberculum）和乳突（papilla），而有些珊瑚隔片内缘末端加厚形成突起或刺状结构并围成冠状，这一独特的结构称为围栅瓣（paliform lobe），这些特殊的骨骼装饰是分类的关键依据。

造礁石珊瑚的分类系统几经修订和变化，国际上一开始公认的是 Wells（1956）分类系统，依据骨骼隔片小梁和隔片形状将石珊瑚分成 5 个亚目，再基于体壁形态和无性出芽生殖方式等特征划分出 33 个科。随后，Veron（1995）在 Wells（1956）分类系统的基础上，根据古代和现生骨骼结构及活体形态学对造礁石珊瑚分类系统进行修正；Chen 等（1995）利用 rDNA 研究造礁石珊瑚演化过程的结果支持了 Veron（1995）提出的新分类系统，因此 Veron（1995）的分类系统得到了同行的广泛认可。我国石珊瑚分类的前辈邹仁林先生于 2001 年编写的《中国动物志 腔肠动物门 珊瑚虫纲 石珊瑚目 造礁石珊瑚》也采用 Veron（1995）的分类系统。然而，造礁石珊瑚普遍存在种内形态差异、界限模糊和可塑性的现象，使得其分类系统依旧存在问题。近 20 年来，随着分子生物学的兴起和广泛应用，石珊瑚的系统演化和分类发生了重大变动，同时也对传统形态学分类发起了挑战。首先，Romano 和 Palumbi（1996）基于线粒体 16S rDNA 序列的研究将石珊瑚目划分为两个大类，即坚实系群（robust clade）和复杂系群（complex clade），其中坚实系群骨骼致密坚固、钙化程度高，珊瑚杯杯壁为隔片鞘或副鞘，群体多为板状或团块状；复杂系群钙化程度较低、主要为合隔桁（synapticulae）杯壁，骨骼稀疏而多孔，结构轻而复杂，生长型多为分枝状、指状、柱状、叶状或板状。近年来，Kitahara 等（2016）结合分子生物学和骨骼微观形态学研究提出了全新的造礁石珊瑚分类系统，共设立 15 科和 5 个未定科的属，该体系得到了学术界的广泛认可，并被世界海洋生物名录（World Register of Marine Species，http://www.marinespecies.org）所采用。随后，不断有研究针对未定科以及一些仍存在争议的属级和种级分类进行明确（Arrigoni et al.，2019，2021；Benzoni et al., 2007；Luzon et al., 2017），黄林韬等（2020）搜集了中国海域造礁石珊瑚多样性的历史文献，并参考珊瑚分类学最新研究结果共厘定 16 科 77 属 431 种造礁石珊瑚，黄晖等（2021）撰写的《南沙群岛造礁石珊瑚》一书亦依据最新的分类系统对南沙群岛造礁石珊瑚进行了鉴定和描述。在上述研究基础上，本书共收录中沙群岛造礁石珊瑚 200 种，隶属 16 科 58 属。

中沙群島

造礁石珊瑚

各论

鹿角珊瑚科

Acroporidae Verrill, 1902

鹿角珊瑚科是石珊瑚目种类最多的一科，同时也是现代珊瑚礁生态系统中的关键类群，现共有 6 个属，为鹿角珊瑚属 *Acropora*、假鹿角珊瑚属 *Anacropora*、星孔珊瑚属 *Astreopora*、穴孔珊瑚属 *Alveopora*、同孔珊瑚属 *Isopora* 和蔷薇珊瑚属 *Montipora*。多数为雌雄同体排卵型，仅同孔珊瑚属的繁殖方式为孵幼型，且不同于杯形珊瑚的孵幼过程中虫黄藻为水平传递，需要后天从环境中获取。鹿角珊瑚属是石珊瑚目中多样性最高的一个属，世界范围共有 150 多种，蔷薇珊瑚属种类仅次于鹿角珊瑚，有近 90 种，本书在中沙群岛记录到鹿角珊瑚 20 种、蔷薇珊瑚 17 种和星孔珊瑚 6 种。

鹿角珊瑚科均为群体珊瑚，珊瑚杯直径小，除星孔珊瑚和穴孔珊瑚外直径均在 1 mm 左右，轴柱发育不良或无，生长形态多变。鹿角珊瑚多为分枝状、板状或桌状；蔷薇珊瑚多为叶状或皮壳状，也有分枝状、柱状或团块状；星孔珊瑚多为团块状或皮壳状；而穴孔珊瑚为团块或分枝状，水螅体大，呈长管状，触手 12 个，白天和夜晚均伸出。鹿角珊瑚科是现代珊瑚礁生态系统的关键类群，其中鹿角珊瑚常作为珊瑚礁生态系统的健康指示类群。

鹿角珊瑚属 *Acropora* Oken, 1815

鹿角珊瑚属群体多为分枝树木状、灌丛状、伞房状或桌板状，极少数为皮壳状；有轴珊瑚杯和辐射珊瑚杯的分化；隔片多两轮，轴柱不发育，杯壁和共骨多孔。Wallace（1999）依据群体生长型、分枝形态、辐射骨骼微细结构和排列以及共骨结构，将鹿角珊瑚划分为不同的组群。

Acropora divaricata 组群

群体为伞房状、桌状或板状，中央或边缘附着于基底；辐射珊瑚杯为开放的鼻形，外壁加厚，开口宽阔，圆形、椭圆形或二分，大小均匀或变化较大；共骨为叉状或简单小刺形成的网状结构。

1. 方格鹿角珊瑚 *Acropora clathrata* (Brook, 1891)

同物异名　无

生长型　群体为桌状或板状，常边缘附于基底，主要分枝水平伸展并互相交连成平板状，分枝直径 4 ～ 10 mm，通常无垂直小分枝。

骨骼微细结构　轴珊瑚杯外周直径 1.6 ～ 3.0 mm，第一轮隔片不发育或长 1/3 内半径，第二轮不发育或尖刺状；辐射珊瑚杯大小不均一，鼻形或紧贴鼻管形，第一轮隔片不发育或小刺状，第二轮不发育；杯壁为沟槽状珊瑚肋或者为成列而排的侧扁或分叉小刺；共骨网状，上有稀疏的小刺。

颜色、生境及分布　生活时通常为奶油色、灰色、绿色或棕色。常生于上礁坡、岸礁和礁后区边缘。广泛分布于印度 - 太平洋海区。

保护及濒危等级　国家 II 级重点保护野生动物，IUCN-无危。

2. 两叉鹿角珊瑚 *Acropora divaricata* (Dana, 1846)

同物异名 无

生长型 群体为开放的丛生伞房状或桌状，分枝基部在水平方向相互交连，末端向上弯曲并逐渐变细；分枝直径 5～15 mm，长可达 7 cm。

骨骼微细结构 轴珊瑚杯外周直径 2.2～3.8 mm，第一轮隔片长达 1/2 内半径；辐射珊瑚杯大小均匀，排列较为整齐，分枝末端的珊瑚杯管鼻形，杯口敞开，分枝基部的珊瑚杯逐渐变为紧贴管状，有时珊瑚杯外壁伸展呈喙状，第一轮隔片长达 1/2 内半径，直接隔片明显，第二轮长约 1/4 内半径；杯壁为密集排列的侧扁或分叉小刺，有时排成列；杯间共骨网状，上有稀疏的小刺。

颜色、生境及分布 生活时通常为棕色或棕绿色，分枝末端常为蓝紫色。多生于礁坡、岸礁或潟湖。广泛分布于印度 - 太平洋海区。

保护及濒危等级 国家 II 级重点保护野生动物，IUCN-近危。

3. 单独鹿角珊瑚 *Acropora solitaryensis* Veron & Wallace, 1984

同物异名 无

生长型 群体为桌状或板状，分枝基部相互交连形成厚实或稀疏的板状结构，向上生出不规则小分枝；分枝直径 5～15 mm，长可达 5 cm。

骨骼微细结构 轴珊瑚杯外周直径 1.6～3.4 mm，第一轮隔片长达 1/2 内半径；辐射珊瑚杯大小均匀，排列较为整齐，鼻形或管鼻形，杯口敞开，分枝基部珊瑚杯紧贴管状，有时外壁向外伸展呈喙状，第一轮隔片长达 1/3 内半径，第二轮部分发育，长约 1/4 内半径；杯壁和共骨上为侧扁或简单的小刺排列成网状结构。

颜色、生境及分布 生活时通常为棕色或奶油色，分枝末端蓝紫色。多生于海浪强劲的上礁坡。广泛分布于印度 - 太平洋海区。

保护及濒危等级 国家 II 级重点保护野生动物，IUCN- 易危。

Acropora florida 组群

群体为瓶刷状分枝形成的分枝状或板状；辐射珊瑚杯为紧贴管状，大小均匀，外壁加厚，开口圆形；杯壁为沟槽状或网状珊瑚肋；杯间共骨为开放网状，小刺发育不良。

4. 花鹿角珊瑚 *Acropora florida* (Dana, 1846)

同物异名 无

生长型 群体是由瓶刷状分枝组成的树状或水平板状；粗壮的主枝上生有次生小分枝，小分枝圆柱状，直径 4 ～ 15 mm，长约 3 cm。

骨骼微细结构 轴珊瑚杯外周直径 2 ～ 3 mm，第一轮隔片长达 2/3 内半径，第二轮长约 1/2 内半径；辐射珊瑚杯大小基本一致，紧贴管状，开口圆形，第一轮隔片长达 1/2 内半径，第二轮部分发育，长约 1/4 内半径；杯壁为沟槽状珊瑚肋；杯间共骨网状，上有均匀分布的小刺。

颜色、生境及分布 生活时绿色、红棕色、棕色或黄色。多生于浅水珊瑚礁区。广泛分布于印度 - 太平洋海区。

保护及濒危等级 国家 II 级重点保护野生动物，IUCN- 近危。

5. 短小鹿角珊瑚 *Acropora sarmentosa* (Brook, 1892)

同物异名 无

生长型 群体为瓶刷状分枝形成的板状，一个群体通常仅有 1～2 个分枝单元，每个单元由一个水平或略向上的主枝及其上生出的柱状小分枝组成；主枝直径 3 cm，小分枝直径 6～12 mm，长约 2.5 cm。

骨骼微细结构 轴珊瑚杯外周直径 3～4 mm，第一轮隔片长达 3/4 内半径，第二轮长约 1/2 内半径；辐射珊瑚杯大小基本一致，紧贴管状，圆形开口，第一轮隔片长达 2/3 内半径，第二轮长约 1/4 内半径；杯间共骨网状，上有侧扁或简单的小刺均匀分布。

颜色、生境及分布 生活时为灰绿色或棕色，轴珊瑚杯多为浅黄色或橘黄色。多生于上礁坡。广泛分布于印度 - 太平洋海区。

保护及濒危等级 国家 II 级重点保护野生动物，IUCN-无危。

Acropora horrida 组群

群体为开放分枝状、分枝瓶刷状或不规则灌丛状；辐射珊瑚杯简单管状或紧贴管状，大小均一，开口圆形；共骨为简单小刺或复杂小刺形成的网状。

6. 丑鹿角珊瑚 *Acropora horrida* (Dana, 1846)

同物异名 无

生长型 群体为不规则树状或瓶刷分枝状，分枝间距大，直径 5 ～ 10 mm，长可达 6 cm。

骨骼微细结构 轴珊瑚杯外周直径 1.4 ～ 2.4 mm，第一轮隔片长约 2/3 内半径，第二轮部分发育，长约 3/4 内半径；辐射珊瑚杯管状或亚浸埋状，开口圆形，分布不规则，第一轮隔片长约 1/2 内半径，第二轮部分发育，长约 1/4 内半径；杯壁和共骨上为开放的网状结构，上面有分散或排成列的小刺。

颜色、生境及分布 生活时多为浅黄色、灰绿色、灰色或灰蓝色，水螅体白天常伸出。多生于水体浑浊的岸礁、上礁坡和潟湖。分布于印度 - 太平洋海区，不常见。

保护及濒危等级 国家 II 级重点保护野生动物，IUCN-易危。

7. 基尔斯蒂鹿角珊瑚 *Acropora kirstyae* Veron & Wallace, 1984

同物异名 无

生长型 群体为分枝灌丛状或不规则的瓶刷状；分枝瘦弱且不规则，直径 4 ~ 8 mm，长可达 12 cm。

骨骼微细结构 轴珊瑚杯外周直径 0.9 ~ 1.4 mm，第一轮隔片长约 2/3 内半径，第二轮部分发育，长约 1/4 内半径；辐射珊瑚杯大小不一，分布稀疏，紧贴管状，开口圆形，第一轮隔片长约 1/3 内半径，第二轮不发育或发育不良，仅为刺状；杯壁和共骨上为致密且不规则的小刺。

颜色、生境及分布 生活时为棕色或淡黄色，分枝末端颜色浅，呈淡紫色、粉红色或白色。多生于受庇护的浅水珊瑚礁区。主要分布于西太平洋海区，不常见。

保护及濒危等级 国家 II 级重点保护野生动物，IUCN- 易危。

8. 华氏鹿角珊瑚 *Acropora vaughani* Wells, 1954

同物异名 无

生长型 群体为不规则树状或瓶刷状分枝；分枝末端逐渐变细，直径 7 ~ 18 mm，长可达 10 cm。

骨骼微细结构 轴珊瑚杯外周直径 1.5 ~ 2.5 mm，第一轮隔片长约 2/3 内半径，第二轮部分发育，长约 1/4 内半径；辐射珊瑚杯大小一致，分布不拥挤，圆管状，开口圆形，第一轮隔片长约 1/3 内半径，第二轮长约 1/4 内半径；杯壁和共骨上为密集排列的小刺，小刺末端有分叉。

颜色、生境及分布 生活时多为奶油色或棕色，分枝末端轴珊瑚杯亮黄色，辐射珊瑚杯的蓝色水螅体白天明显可见。多生于水体浑浊的岸礁、礁坡和潟湖。广泛分布于印度 - 太平洋海区，但不常见。

保护及濒危等级 国家 II 级重点保护野生动物，IUCN- 易危。

Acropora humilis 组群

群体为伞房状或指形；轴珊瑚杯明显；辐射珊瑚杯为加厚的管状，二分开口（dimidiate opening），大小一致或两种类型；共骨上为侧扁小刺形成的网状结构。

9. 粗野鹿角珊瑚
Acropora humilis (Dana, 1846)

同物异名 无

生长型 群体为粗短的指状或长指形分枝形成的伞房状,以中央或边缘部位固着；分枝末端渐细，直径 10 ～ 30 mm，长可达 6 cm。

骨骼微细结构 轴珊瑚杯外周直径 3 ～ 8 mm，开口直径仅有 1 ～ 1.8 mm，第一轮隔片长达 3/4 内半径，第二轮隔片长 2/3 内半径；分枝上部的辐射珊瑚杯分布整齐，短管状，开口二分且外壁加厚，分枝下部的辐射珊瑚杯则有两种类型，小的亚浸埋状散布在大的短管状珊瑚杯之间；杯壁和共骨上为密集排列的侧扁小刺，有时排列成不规则的沟槽状结构。

颜色、生境及分布 生活时通常为棕色、奶油色、粉红色或绿色。多生于海浪强劲的礁坪和上礁坡。广泛分布于印度 - 太平洋海区。

保护及濒危等级 国家 II 级重点保护野生动物，IUCN- 近危。

10. 芽枝鹿角珊瑚
Acropora gemmifera (Brook, 1892)

同物异名 无

生长型 群体为指形或伞房状，以中央或边缘部位固着于基底；分枝直径 10 ～ 25 mm，最长可达 6 cm。

骨骼微细结构 轴珊瑚杯外周直径 2.8 ～ 4.2 mm，第一轮隔片长达 3/4 内半径，第二轮隔片长 2/3 内半径；整个分枝的辐射珊瑚杯呈现两种类型，大珊瑚杯短管状，开口二分且外壁加厚，小珊瑚杯亚浸埋状，两种辐射珊瑚杯常纵向成列分布，且自上而下逐渐变大，第一轮隔片长达 3/4 内半径，第二轮不发育或仅可见；杯壁和共骨上为密集排列的侧扁小刺，有时排列成不规则的沟槽状珊瑚肋。

颜色、生境及分布 生活时通常为棕色、奶油色、绿色或黄色。多生于海浪强劲的礁坪和上礁坡。广泛分布于印度 - 太平洋海区。

保护及濒危等级 国家 II 级重点保护野生动物，IUCN- 无危。

11. 瑞图萨鹿角珊瑚 *Acropora retusa* (Dana, 1846)

同物异名　无

生长型　群体为短指状分枝形成的伞房状或板状，常以中央部位固着于基底；分枝直径 8 ～ 18 mm，长 3 cm，分枝末端的轴珊瑚杯通常不突出，末端显得宽而平，在低矮伞房状群体，由于分枝末端常有多个新生轴珊瑚杯，再加上其周边的辐射珊瑚杯长短不一，因而呈多刺状。

骨骼微细结构　轴珊瑚杯外周直径 2.1 ～ 2.6 mm，第一轮隔片长达 1/2 内半径，直接隔片明显，第二轮部分发育，刺状；辐射珊瑚杯管状二分开口，大小和分布均不规则；杯壁和共骨上为密集排列的简单小刺。

颜色、生境及分布　生活时为棕色或黄色。多生于礁坪和上礁坡。广泛分布于印度 - 太平洋海区，但不常见。

保护及濒危等级　国家 II 级重点保护野生动物，IUCN-易危。

12. 萨摩亚鹿角珊瑚 *Acropora samoensis* (Brook, 1891)

同物异名　无

生长型　群体为簇生或丛生伞房状，中央或边缘附着于基底；分枝圆柱状，直径 10 ～ 15 mm，长 8 cm，末端稍微变细。

骨骼微细结构　轴珊瑚杯外周直径 2.7 ～ 4.5 mm，第一轮隔片长达 3/4 内半径，第二轮隔片长约 2/3 内半径；辐射珊瑚杯多为大型管状，开口圆形到卵圆形或二分状，外壁加厚，大型管状珊瑚杯之间散布着浸埋或紧贴管状的小型珊瑚杯，第一轮隔片长达 1/4 内半径，第二轮部分发育呈刺状；杯壁和共骨上为密集排列的侧扁小刺，有时在杯壁上排成沟槽状珊瑚肋。

颜色、生境及分布　生活时通常为奶油色、棕色或蓝紫色。多生于上礁坡。广泛分布于印度 - 太平洋海区。

保护及濒危等级　国家 II 级重点保护野生动物，IUCN- 无危。

Acropora hyacinthus 组群

群体为桌状或板状，中央或边缘附着于基底之上，幼年阶段呈指形；辐射珊瑚杯大小均匀，唇瓣状，内壁不发育，外壁形成方形的唇瓣，开口圆形；杯壁位置为珊瑚肋；杯间共骨为简单小刺形成的网状。

13. 花柄鹿角珊瑚 *Acropora anthocercis* (Brook, 1893)

同物异名 无

生长型 群体直径可达 50 cm，多为低矮的伞房状或板状，向上生出小枝；小枝直径 4 ～ 12 mm，长可达 3 cm，小枝末端常有多个新生轴珊瑚杯。

骨骼微细结构 轴珊瑚杯大而明显，直径 1.9 ～ 2.8 mm，第一轮隔片长可达 2/3 内半径；辐射珊瑚杯大小基本相同，内壁几乎不发育，外壁加厚并向上伸展呈唇瓣状，第一轮隔片长可达 2/3 内半径；杯壁为沟槽状珊瑚肋或成排的小刺；杯间网状共骨散布有小刺。

颜色、生境及分布 生活时为淡蓝色、粉红色、棕色或杂色。多分布在礁坡、潮间带等风浪强劲的生境。广泛分布于印度 - 太平洋海区。

保护及濒危等级 国家 II 级重点保护野生动物，IUCN-易危。

14. 浪花鹿角珊瑚 *Acropora cytherea* (Dana, 1846)

同物异名 无

生长型 群体为桌状或板状，直径可达 3 m，由水平分枝交连成宽大扁平的桌状，向上生出垂直小分枝；小分枝直径 2 mm，长一般不超过 2.5 cm，小枝多成组分布，且末端常有多个轴珊瑚杯。

骨骼微细结构 轴珊瑚杯外周直径 1.3 ～ 2.5 mm，第一轮隔片长达 2/3 内半径，第二轮不发育或刺状；辐射珊瑚杯大小基本一致，外壁向上拉长形成末端尖锐的唇，第一轮隔片不发育或刺状，第二轮不发育；杯壁为沟槽状珊瑚肋；杯间共骨网状，其上有侧扁小刺。

颜色、生境及分布 生活时为淡棕色、黄棕色、绿棕色或蓝棕色。多生于上礁坡和潟湖。广泛分布于印度 - 太平洋海区。

保护及濒危等级 国家 II 级重点保护野生动物，IUCN- 无危。

15. 风信子鹿角珊瑚 *Acropora hyacinthus* (Dana, 1846)

同物异名 *Acropora bifurcata*

生长型 群体为桌状或板状，直径最大可达 3 m，层层搭叠；水平分枝融合成致密或稀疏的板状，向上生出垂直小分枝；小分枝直径 3 ～ 7 mm，长可达 2 cm。

骨骼微细结构 轴珊瑚杯外周直径 1 ～ 2 mm，第一轮隔片长可达 3/4 内半径，第二轮部分发育，长约 1/4 内半径；辐射珊瑚杯大小基本相同，分布拥挤互相接触，外壁向外伸展成圆形或方形的唇瓣，从小分枝顶端看辐射珊瑚杯围绕轴珊瑚杯呈玫瑰花瓣状排列，第一轮隔片长可达 1/2 内半径；杯壁为沟槽状珊瑚肋；杯间共骨网状，散布有小刺。

颜色、生境及分布 生活时多为棕色和绿色。多生于礁坪、礁坡和礁缘等生境。广泛分布于印度 - 太平洋海区。

保护及濒危等级 国家 II 级重点保护野生动物，IUCN- 近危。

16. 灌丛鹿角珊瑚 *Acropora microclados* (Ehrenberg, 1834)

同物异名 无

生长型 群体为伞房状，有时形成厚板状或桌状；小分枝直径 3 ～ 9 mm，长可达 8 cm，分枝末端可见多个新生轴珊瑚杯。

骨骼微细结构 轴珊瑚杯外周直径 1 ～ 2.9 mm，第一轮隔片长达 2/3 内半径，第二轮部分发育，长约 1/4 内半径；辐射珊瑚杯大小均匀，鼻形或管鼻形，外壁斜向上伸展呈唇瓣状，第一轮隔片长约 1/3 内半径，第二轮部分发育，长约 1/4 内半径；杯壁为沟槽状珊瑚肋；杯间共骨网状，其上有简单或成列分布的小刺。

颜色、生境及分布 生活时多为浅红棕色，灰白色的触手常白天伸出。多生于上礁坡。分布于印度 - 太平洋海区，不常见。

保护及濒危等级 国家 II 级重点保护野生动物，IUCN- 易危。

Acropora latistella 组群

群体为伞房状，分枝瘦长；辐射珊瑚杯为紧贴管状，大小均匀，开口圆形；共骨为简单小刺均匀排列而成的网状。

17. 尖锐鹿角珊瑚 *Acropora aculeus* (Dana, 1846)

同物异名 无

生长型 群体为伞房簇状或伞房板状，中央或边缘固着，水平分枝蔓延状，向上的小分枝较细，排列稀疏；小分枝直径约 4 mm，长达 5 cm。

骨骼微细结构 轴珊瑚杯外周直径 1.6～2.4 mm，第一轮隔片长达 2/3 内半径，第二轮隔片无或长约 1/3 内半径；辐射珊瑚杯紧贴管状，大小均匀，分布不拥挤，开口圆形，第一轮隔片长可达 1/2 内半径，第二轮无或仅可见细刺状；杯壁为沟槽状珊瑚肋，上偶有小刺；杯间共骨网状，布满小刺。

颜色、生境及分布 生活时基部为棕色、灰色或暗绿色，分枝末端为亮黄色或淡蓝色。多生于礁斜坡。广泛分布于印度 - 太平洋海区。

保护及濒危等级 国家 II 级重点保护野生动物，IUCN-易危。

18. 盘枝鹿角珊瑚 *Acropora latistella* (Brook, 1892)

同物异名 无

生长型 群体为伞房状，有时形成厚板状；分枝间距紧凑，圆柱状，直径 4 ～ 8 mm，长可达 4 cm。

骨骼微细结构 轴珊瑚杯外周直径 1.4 ～ 3 mm，第一轮隔片长达 3/4 内半径，第二轮部分发育，长约 1/2 内半径；辐射珊瑚杯大小均匀，分布不拥挤，紧贴管状，开口圆形到卵圆形，外壁有时向上伸展，第一轮隔片长约 2/3 内半径，第二轮部分发育，长约 1/4 内半径；杯壁和共骨上为成列分布的小刺。

颜色、生境及分布 生活时多为浅棕色、黄色或棕绿色。生于多种珊瑚礁生境，尤其是浑浊的浅水区。广泛分布于印度 - 太平洋海区。

保护及濒危等级 国家 II 级重点保护野生动物，IUCN- 无危。

19. 细枝鹿角珊瑚 *Acropora nana* (Studer, 1878)

同物异名 天蓝鹿角珊瑚 *Acropora azurea*

生长型 群体为伞房状，瘦长分枝从基部均匀地直立伸出；分枝直径 3 ～ 10 mm，长可达 6 cm。

骨骼微细结构 轴珊瑚杯外周直径 1.3 ～ 2.0 mm，第一轮隔片几乎和内半径等长，第二轮部分发育，长约 3/4 内半径；辐射珊瑚杯大小均匀，紧贴管状，开口卵圆形或卵圆形，外壁向上伸展有时呈鼻形，第一轮隔片长约 1/2 内半径，第二轮部分发育，长约 1/4 内半径；杯壁和共骨上为致密网状或成列分布的小刺。

颜色、生境及分布 生活时为奶油色、绿色或棕色，分枝末端为紫色。多生于受海流、风浪影响大的礁坪外缘。广泛分布于印度 - 太平洋海区。

保护及濒危等级 国家 II 级重点保护野生动物，IUCN- 近危。

Acropora loripes 组群

群体形态变化较大，主要和小分枝的发育有关，多为瓶刷状或伞房状；轴珊瑚杯较为明显，通常分枝末端有多个，辐射珊瑚杯紧贴管状，圆形开口，在某些分枝末端辐射珊瑚杯几乎不发育；共骨上为紧密排列的复杂精细小刺。

20. 奇枝鹿角珊瑚 *Acropora loripes* (Brook, 1892)

同物异名　无

生长型　群体生长型和骨骼特征尤其多变，即使相同生境也表现出明显差异，常见为瓶刷状、伞房状、灌丛状或厚板状，通常以中央或边缘部位固着于基底。

骨骼微细结构　伞房状和灌丛状群体的轴珊瑚杯通常较长，而板状群体的轴珊瑚杯通常呈鼓起的球状，分枝末端轴珊瑚杯的外围可见浸埋状珊瑚杯，新生轴珊瑚杯长短不一，或发育不良很短，或发育成小枝，而且其上表面常无辐射珊瑚杯发育，辐射珊瑚杯仅分布于小枝下表面；群体通常有主枝，主枝上有主要分枝，再生出小枝，小枝直径 5 ～ 12 mm，长可达 4.5 cm；轴珊瑚杯外周直径 2.5 ～ 3.7 mm，有时甚至可以加厚至 7 mm，第一轮隔片长达 2/3 内半径，第二轮部分发育，长约 1/4 内半径；主枝基部的辐射珊瑚杯浸埋或亚浸埋状，分枝末端的辐射珊瑚杯则呈紧贴管状，开口圆形或稍呈鼻形，第一轮隔片长达 2/3 内半径，第二轮部分发育，长约 1/4 内半径；杯壁和共骨上为密集排列的小刺，小刺末端精细复杂。

颜色、生境及分布　生活时为淡蓝色、浅棕色或红棕色。多生于上礁坡，但可见于各种珊瑚礁生境。广泛分布于印度 - 太平洋海区。

保护及濒危等级　国家 II 级重点保护野生动物，IUCN-近危。

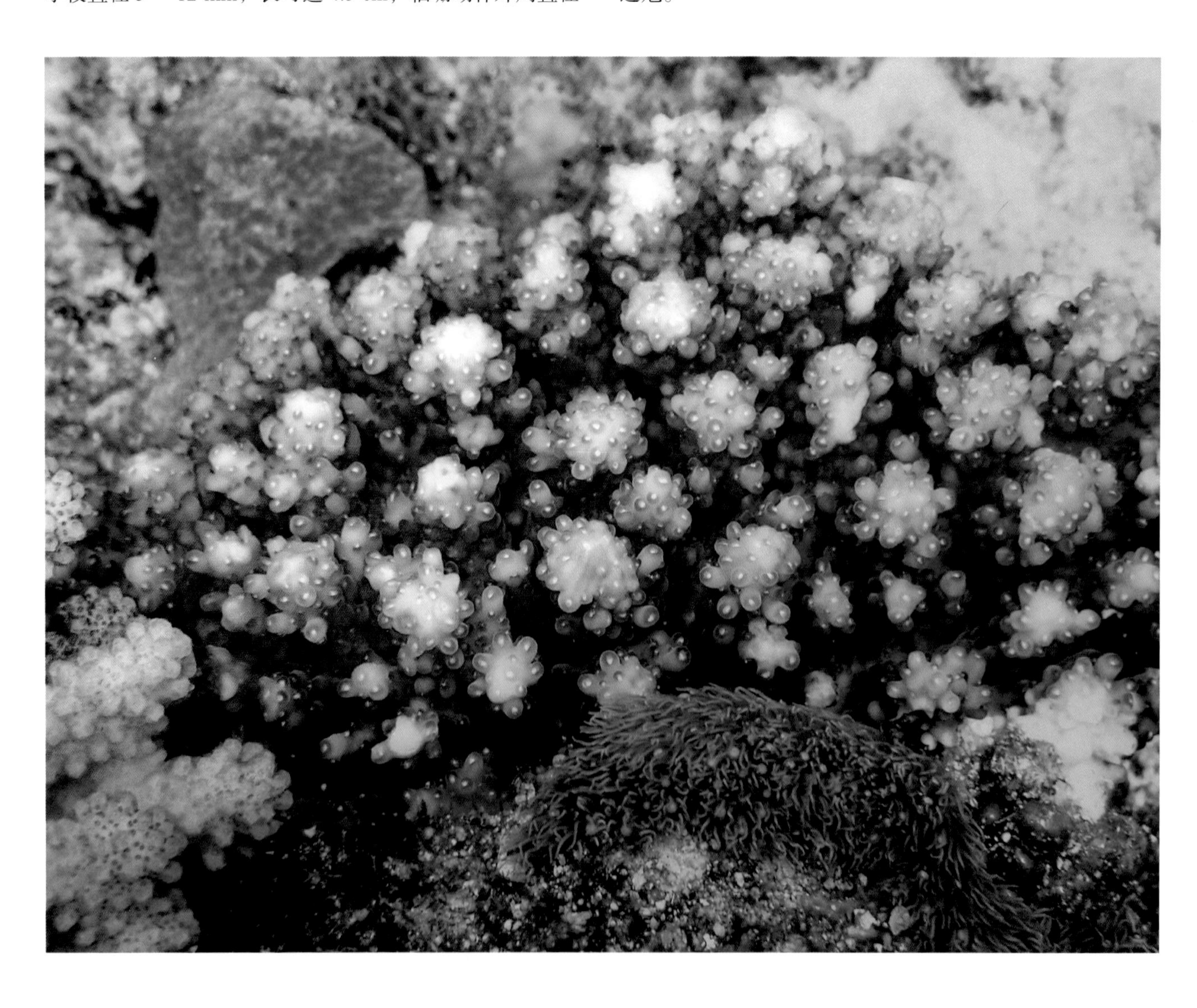

Acropora muricata 组群

群体分枝状，分枝形式较为开阔，呈树状甚至松散的桌状；辐射珊瑚杯管状，大小均匀或不一，开口形态变化也较大；共骨多为简单小刺形成的网状。

21. 巨枝鹿角珊瑚 *Acropora grandis* (Brook, 1892)

同物异名 无

生长型 群体呈开放的分枝树状，通常有垂直分枝和匍匐水平分枝，分枝末端很脆弱；分枝直径 5 ～ 25 mm，最长可达 40 cm。

骨骼微细结构 轴珊瑚杯外周直径 1.5 ～ 3 mm，第一轮隔片长达 3/4 内半径，第二轮隔片无或仅可见；辐射珊瑚杯通常由分枝直接向外伸展，大小相差较大，分布不拥挤，管状，开口圆形到椭圆形，第一轮隔片部分发育，长约 1/4 内半径；杯壁多为沟槽状珊瑚肋；杯间共骨网状，装饰有小刺。

颜色、生境及分布 生活时常为暗红棕色，分枝末端颜色浅。生于各种珊瑚礁生境，尤其是上礁坡和潟湖。广泛分布于印度 - 太平洋海区。

保护及濒危等级 国家 II 级重点保护野生动物，IUCN- 无危。

22. 美丽鹿角珊瑚 *Acropora muricata* (Linnaeus, 1758)

同物异名 *Acropora formosa* 是本种珊瑚的同物异名，由于其中文名美丽鹿角珊瑚已被广泛使用，故保留中文名。

生长型 群体为分枝树状，分枝末端变细；分枝直径 8 ～ 20 mm，最长可达 20 cm，在水动力强的浅水区域分枝粗短，而在平静的深水区分枝相对瘦长且间距大。

骨骼微细结构 轴珊瑚杯外周直径 1.5 ～ 3 mm，第一轮隔片长达 1/2 内半径，第二轮长 1/3 内半径；辐射珊瑚杯大小均一或变化较大，管状或紧贴管状，开口圆形到倾斜圆形，第一轮隔片长达 1/2 内半径，第二轮刺状；杯壁为沟槽状珊瑚肋或整齐分布的小刺；杯间共骨网状，上点缀有小刺。

颜色、生境及分布 生活时通常为棕色、奶油色、绿色或棕黄色。多生于礁坡和潟湖。广泛分布于印度 - 太平洋海区。

保护及濒危等级 国家 II 级重点保护野生动物，IUCN-近危。

Acropora nasuta 组群

群体为伞房状；辐射珊瑚杯为鼻形或管鼻形，大小一致或两种类型；共骨均为简单小刺形成的网状结构，有时在杯壁排成珊瑚肋。

23. 谷鹿角珊瑚 *Acropora cerealis* (Dana, 1846)

同物异名 无

生长型 群体为灌木丛状或伞房状，以中央或边缘固着于基底；分枝相互交连，直径 4 ～ 10 mm，长可达 5 cm。

骨骼微细结构 轴珊瑚杯外周直径 1 ～ 2.2 mm，第一轮隔片长达 2/3 内半径；辐射珊瑚杯大小均匀且分布整齐，鼻形管状或紧贴管状，开口延长，外壁向上延伸，有时呈钩状，第一轮隔片长达 1/3 内半径，第二轮无或仅可见；杯壁和共骨为珊瑚肋或整齐排列的侧扁小刺。

颜色、生境及分布 生活时为淡棕色、奶油色或淡紫色。多生于外礁坪和礁坡。广泛分布于印度 - 太平洋海区。

保护及濒危等级 国家 II 级重点保护野生动物，IUCN-无危。

24. 鼻形鹿角珊瑚 *Acropora nasuta* (Dana, 1846)

同物异名 无

生长型 群体伞房状或形成小型的桌状，中央或边缘附于基底之上；分枝渐细，直径 7～12 mm，长可达 7 cm。

骨骼微细结构 轴珊瑚杯外周直径 1.4～3.0 mm，第一轮隔片长达 3/4 内半径；辐射珊瑚杯大小分布均匀，鼻形，开口圆形或稍呈二分状，第一轮隔片长达 2/3 内半径，第二轮隔片部分发育，仅可见痕迹；杯壁为沟槽状珊瑚肋或成排而列的侧扁小刺；杯间共骨网状，上有散布的小刺。

颜色、生境及分布 生活时为淡棕色或奶油色，分枝末端蓝色。多生于上礁坡。广泛分布于印度 - 太平洋海区。

保护及濒危等级 国家 II 级重点保护野生动物，IUCN-近危。

25. 穗枝鹿角珊瑚 *Acropora secale* (Studer, 1878)

同物异名 无

生长型 群体为灌丛状或伞房状，由中央或边缘固着于基底上；分枝逐渐变细，直径 7 ～ 20 mm，长可达 7 cm。

骨骼微细结构 轴珊瑚杯外周直径 1.4 ～ 3.3 mm，第一轮隔片长达 3/4 内半径，第二轮隔片部分发育，长约 1/3 内半径；辐射珊瑚杯稍拥挤，或为长管状，且开口为圆形、鼻形或短鼻形，两种形态常各自成竖列分布，自上而下辐射珊瑚杯逐渐变大，第一轮隔片长达 1/3 内半径；杯壁为致密的小刺；杯间共骨网状，上有均匀分布的小刺。

颜色、生境及分布 生活时颜色多变，为奶油色、黄色、棕色或蓝色，轴珊瑚杯紫色或黄色。生于多种珊瑚礁生境。广泛分布于印度 - 太平洋海区。

保护及濒危等级 国家 II 级重点保护野生动物，IUCN- 近危。

26. 强壮鹿角珊瑚 *Acropora valida* (Dana, 1846)

同物异名 无

生长型 群体为伞房状、丛生伞房状或小型桌状；分枝直径 7 ～ 20 mm，长可达 6 cm。

骨骼微细结构 轴珊瑚杯外周直径 1.6 ～ 2.8 mm，第一轮隔片长达 1/2 内半径，第二轮隔片无或长达 1/3 内半径；辐射珊瑚杯大小均一或相差很大，分布拥挤，紧贴管状到管鼻形，开口圆形或椭圆形，第一轮隔片长达 2/3 内半径；杯壁和共骨上分布着致密均匀排列的小刺，有时杯壁上有沟槽状珊瑚肋。

颜色、生境及分布 生活时为奶油色或淡棕色，分枝末端有时呈紫色。生于多种珊瑚礁生境。广泛分布于印度 - 太平洋海区。

保护及濒危等级 国家 II 级重点保护野生动物，IUCN- 无危。

Acropora robusta 组群

群体分枝状，有时伞房状或指形，分枝形式简单，分枝粗壮；辐射珊瑚杯两种类型，二分开口的长管状辐射珊瑚杯之间散布着浸埋和亚浸埋状珊瑚杯；杯壁为珊瑚肋；杯间共骨为网状。组群内物种之间的主要区别为分枝和群体的形态。

27. 中间鹿角珊瑚 *Acropora intermedia* (Brook, 1891)

同物异名 华贵鹿角珊瑚 *Acropora nobilis*

生长型 群体为分枝树丛状，分枝夹角为 45° ～ 90°，末端逐渐变细；分枝直径 12 ～ 25 mm，长可达 11 cm。

骨骼微细结构 轴珊瑚杯外周直径 2.5 ～ 4 mm，第一轮隔片长达 3/4 内半径；辐射珊瑚杯分布均匀整齐，两种类型，即二分开口的长管状珊瑚杯之间杂以亚浸埋状珊瑚杯，第一轮隔片长达 2/3 内半径，第二轮 1/4 内半径；杯壁为平滑的沟槽状珊瑚肋；杯间共骨网状，偶有简单的小刺。

颜色、生境及分布 生活时为奶油色、棕色、灰绿色或蓝色。多生于各种珊瑚礁生境，从上礁坡到潟湖。广泛分布于印度 - 太平洋海区。

保护及濒危等级 国家 II 级重点保护野生动物，IUCN-无危。

28. 列枝鹿角珊瑚 *Acropora listeri* (Brook, 1893)

同物异名 无

生长型 群体为不规则分枝灌丛状或伞房状，分枝长度形状变化较大，分枝形状依据轴珊瑚杯的发育程度而定，呈锥状、圆顶状或球状，分枝末梢可见未发育成熟的轴珊瑚杯。

骨骼微细结构 轴珊瑚杯外周直径 2.5 ～ 4 mm，内直径 0.8 ～ 1 mm；辐射珊瑚杯两种类型，即二分开口或斜开口的长管状珊瑚杯之间分布着浸埋状珊瑚杯，长管状珊瑚杯第一轮隔片长达 2/3 内半径，第二轮 1/4 内半径，浸埋状珊瑚杯隔片几乎不可见；杯壁为沟槽状珊瑚肋；杯间共骨网状。

颜色、生境及分布 生活时为奶油色或棕色、灰绿色或蓝色。多生于上礁坡。广泛分布于印度 - 太平洋海区，不常见。

保护及濒危等级 国家 II 级重点保护野生动物，IUCN-易危。

Acropora rudis 组群

群体分枝粗壮，分枝的形式较简单但不规则；轴珊瑚杯大；辐射珊瑚杯为圆管状，分布均匀或拥挤，辐射珊瑚杯杯壁较厚，由多圈合隔桁合并形成，共骨上为精细复杂的小刺。

29. 简单鹿角珊瑚 *Acropora austera* (Dana, 1846)

同物异名 无

生长型 群体丛生灌木状到不规则瓶刷状或分枝状；分枝直径 8 ～ 35 mm，长可达 8 cm。

骨骼微细结构 轴珊瑚杯大而明显，外周直径 2.2 ～ 3.8 mm，开口较小，第一轮隔片长达 3/4 内半径；辐射珊瑚杯圆管状，大小不一，分布拥挤，开口圆形到方形，第一轮隔片长达 1/3 内半径，第二轮无或仅可见；杯壁和共骨上多为网状，上面布满精致复杂的小刺，杯壁有时为沟槽状珊瑚肋。

颜色、生境及分布 生活时为棕黄色或棕绿色。多生于海浪强劲的上礁坡。广泛分布于印度 - 太平洋海区。

保护及濒危等级 国家 II 级重点保护野生动物，IUCN- 近危。

Acropora selago 组群

群体伞房状、伞房桌状、分枝状或瓶刷状；辐射珊瑚杯耳蜗状，大小均匀，内杯壁较短或发育不良，外壁形成延展的唇瓣；杯壁为珊瑚肋；杯间共骨为简单小刺形成的网状。组群内差异主要体现在辐射珊瑚杯唇瓣发育程度和群体形态的不同。

30. 杨氏鹿角珊瑚 *Acropora yongei* Veron & Wallace, 1984

同物异名 无

生长型 群体为开放的分枝树丛状，分枝密而多，直径 8 ～ 15 mm，长达 11 cm。

骨骼微细结构 轴珊瑚杯外周直径 1.8 ～ 3.5 mm，第一轮隔片长达 2/3 内半径，第二轮隔片长约 1/3 内半径；辐射珊瑚杯大小和形状规则，分布拥挤，耳蜗状，圆形唇瓣明显向外突出，第一轮隔片长达 1/2 内半径，第二轮部分发育，长约 1/4 内半径；杯壁为平滑的沟槽状珊瑚肋；共骨上简单的小刺按行排列。

颜色、生境及分布 生活时为浅棕色、棕黄色或奶油色。多生于浅水珊瑚礁区。广泛分布于印度 - 太平洋海区。

保护及濒危等级 国家 II 级重点保护野生动物，IUCN- 无危。

穴孔珊瑚属 *Alveopora* Blainville, 1830

群体为团块状或分枝状；珊瑚虫长管状，触手 12 个，排列不规则。

31. 高穴孔珊瑚 *Alveopora excelsa* Verrill, 1864

同物异名　无

生长型　群体多为扁平的亚团块状，通常发生分叶从而形成短柱状分枝，大型群体直径可超过 2 m。

骨骼微细结构　珊瑚杯多边形，直径 2 ~ 3 mm，形状大小不一；杯壁很薄，顶部边缘有不规则的棘刺；隔片针状，轴柱仅少数几个针棒状小梁组成。水螅体在白天通常缩回，但有时也伸出从而群体表面呈拖把状。

颜色、生境及分布　生活时为灰色、淡棕色或棕色。多生于受风浪影响较大的礁坡。主要分布于印度洋东部和太平洋西部，不常见。

保护及濒危等级　国家 II 级重点保护野生动物，IUCN-濒危。

32. 窗形穴孔珊瑚 *Alveopora fenestrata* (Lamarck, 1816)

同物异名 无

生长型 群体为团块状或半球形，通常形成节瘤或分叶。

骨骼微细结构 珊瑚杯六边形，直径 2～3 mm；杯壁薄，由羽榍和合隔桁小梁交织而成，因此多孔；隔片两轮，轮次不明显，第一轮为纵向排列的小刺，小刺向下逐渐变细、变长并在底部融合，但无轴柱发育。

颜色、生境及分布 生活时为灰色或棕绿色，水螅体较长但参差不齐，白天伸出，口盘多为白色。多生于浅水珊瑚礁生境。主要分布于印度洋西部和太平洋，不常见。

保护及濒危等级 国家 II 级重点保护野生动物，IUCN- 易危。

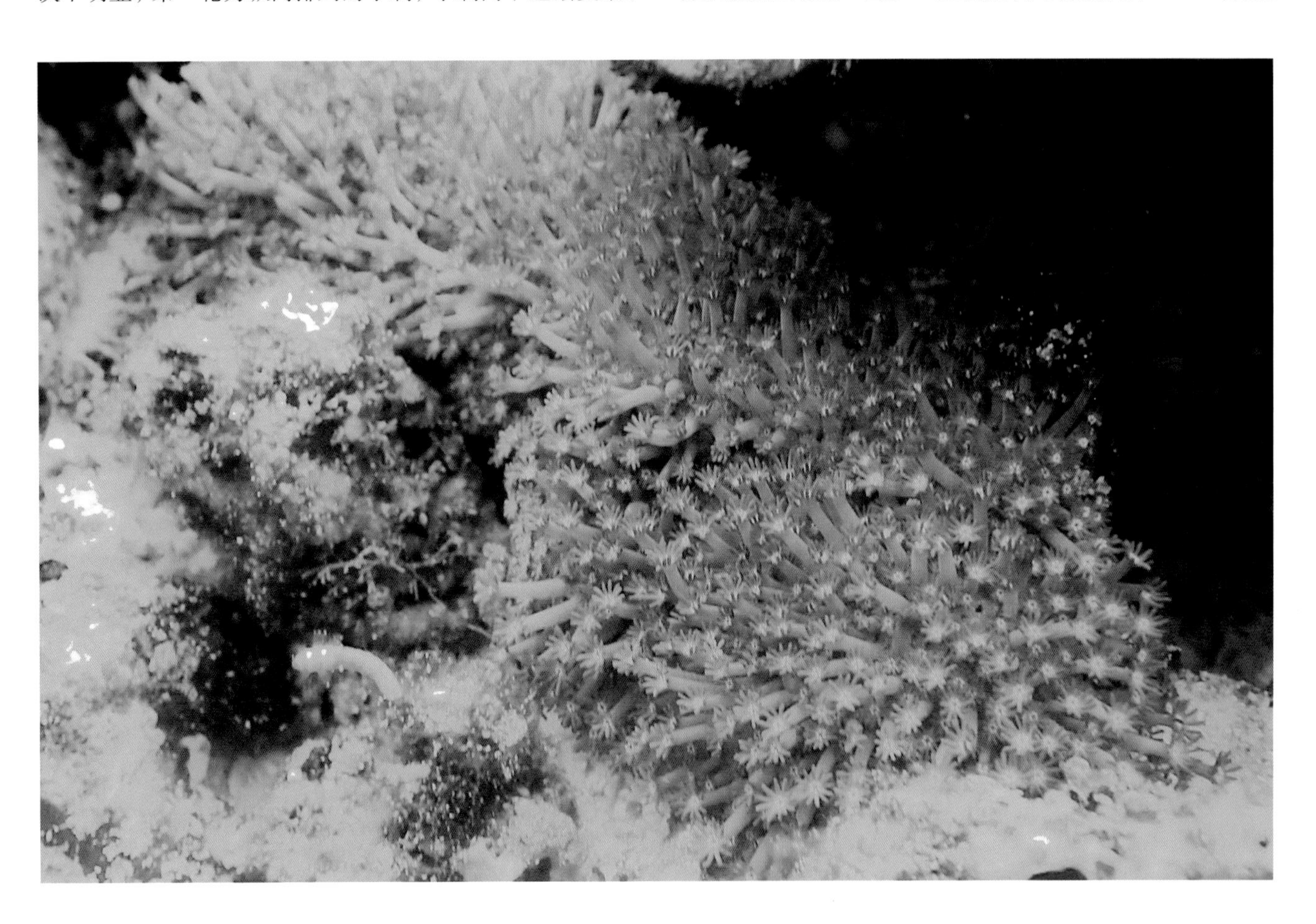

33. 海绵穴孔珊瑚 *Alveopora spongiosa* Dana, 1846

同物异名 无

生长型 群体通常为厚的皮壳板状，有时也呈亚团块状，表面扁平或不规则，可形成直径达 2 m 的大型群体。

骨骼微细结构 珊瑚杯为多边形或圆形，直径 1.9～2.6 mm；杯壁多孔，由羽榍状小梁和合隔桁交连而成；隔片多退化，仅剩几个不规则的尖刺。

颜色、生境及分布 生活时多为灰棕色或深棕色；触手白天伸出，大小交替排列，末端尖或圆球形。多生于受庇护的上礁坡。广泛分布于印度 - 太平洋海区，但不常见。

保护及濒危等级 国家 II 级重点保护野生动物，IUCN- 濒危。

34. 佛氏穴孔珊瑚 *Alveopora verrilliana* Dana, 1846

同物异名 无

生长型 群体为分枝状，瘤状分枝较短，分叉不规则，直径 1 ～ 2 cm。

骨骼微细结构 珊瑚杯直径约 2 mm，隔片上有短的钝齿，在杯壁位置钝齿明显，排列成栅栏状结构。

颜色、生境及分布 生活时为棕绿色、灰色或巧克力色，口盘或触手位置有时呈白色。多生于浅水珊瑚礁生境。分布于印度 - 太平洋海区，不常见。

保护及濒危等级 国家 II 级重点保护野生动物，IUCN-易危。

星孔珊瑚属 *Astreopora* Blainville, 1830

群体团块状、皮壳状或叶板状；无轴珊瑚杯，珊瑚杯浸埋或短圆锥形；杯壁坚实；共骨由向外倾斜的小梁形成网状结构，表面刺状。

35. 兜状星孔珊瑚 *Astreopora cucullata* Lamberts, 1980

同物异名 无

生长型 群体为厚板状或皮壳板状。

骨骼微细结构 珊瑚杯不规则，在凹面上常为浸埋状，而在群体凸面则较为突出，珊瑚杯通常倾斜因此杯口椭圆形；小刺围绕珊瑚杯排列成羽毛状，有时可形成罩的结构部分掩盖珊瑚杯开口。

颜色、生境及分布 生活时为奶油色或浅棕色。多生于浅水珊瑚礁生境，尤其是浑浊的浅水生境。广泛分布于印度-太平洋海区。

保护及濒危等级 国家II级重点保护野生动物，IUCN-易危。

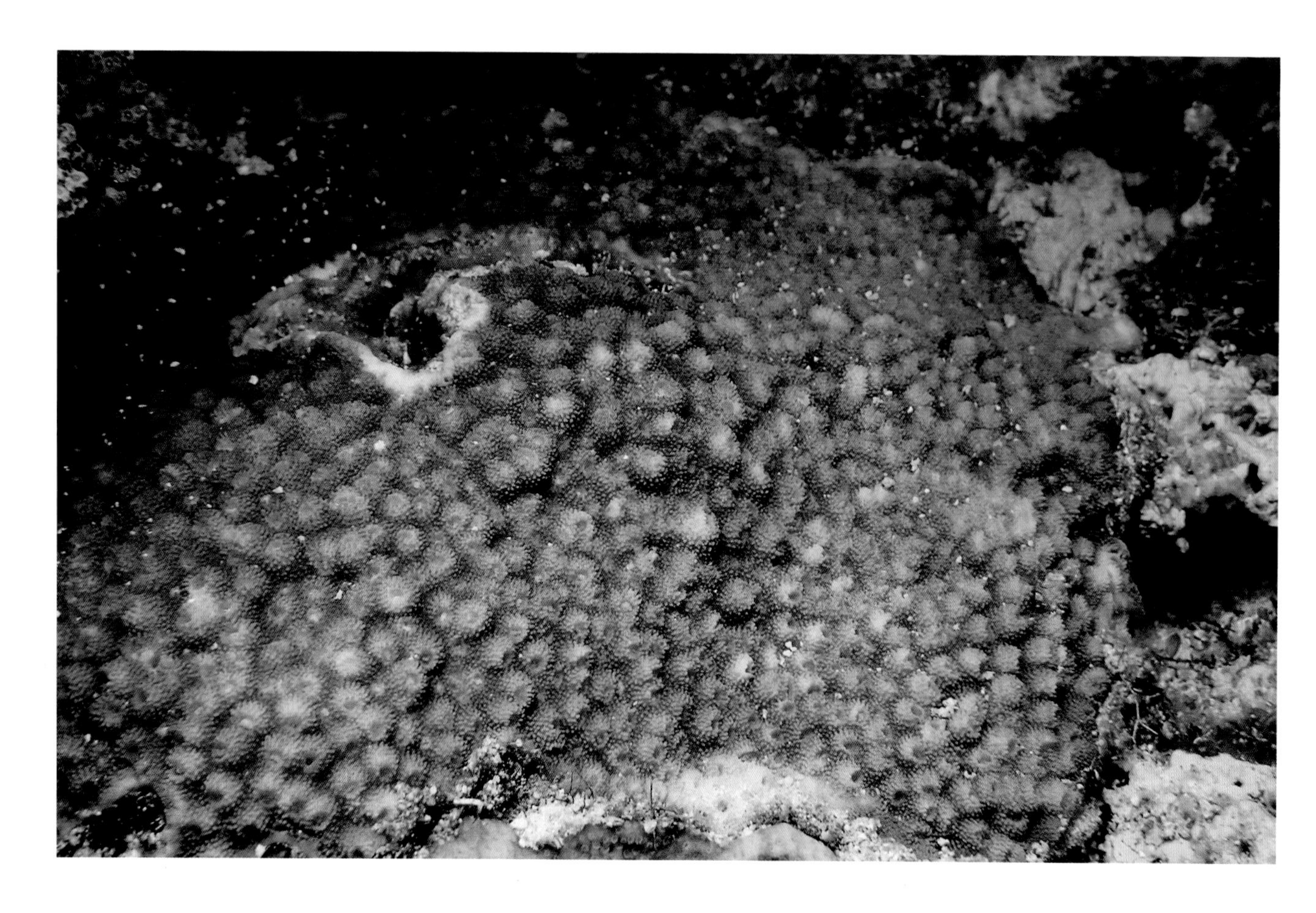

36. 疣星孔珊瑚 *Astreopora gracilis* Bernard, 1896

同物异名 无

生长型 群体为团块状或半球形。

骨骼微细结构 珊瑚杯浸埋、锥状或管状，大小不均匀，分布不规则且朝向不同，因此群体表面显得较为杂乱无序；珊瑚杯近圆形，直径 1.4 ～ 1.8mm，第一轮隔片长 1/2 ～ 3/4 内半径，第二轮更短，第三轮有时发育；共骨上布满短而均匀的小刺，紧密排列，末端结构精细复杂。

颜色、生境及分布 生活时为淡奶油色、绿色或棕色。生于多种珊瑚礁生境，尤其是浑浊的浅水生境。广泛分布于印度 - 太平洋海区。

保护及濒危等级 国家 II 级重点保护野生动物，IUCN- 无危。

37. 潜伏星孔珊瑚 *Astreopora listeri* Bernard, 1896

同物异名 无

生长型 群体为半球团块状或扁平的皮壳状。

骨骼微细结构 珊瑚杯圆形，小而浸埋，直径1～2 mm，分布通常很稀疏但有时也稍显拥挤；珊瑚杯杯口的小刺呈羽毛状，且比共骨上的小刺稍大；共骨上布满排列紧凑的精美小刺。

颜色、生境及分布 生活时为奶油色、棕色或棕绿色。生于各种珊瑚礁生境，尤其是浑浊的浅水生境。广泛分布于印度 - 太平洋海区，但不常见。

保护及濒危等级 国家 II 级重点保护野生动物，IUCN- 无危。

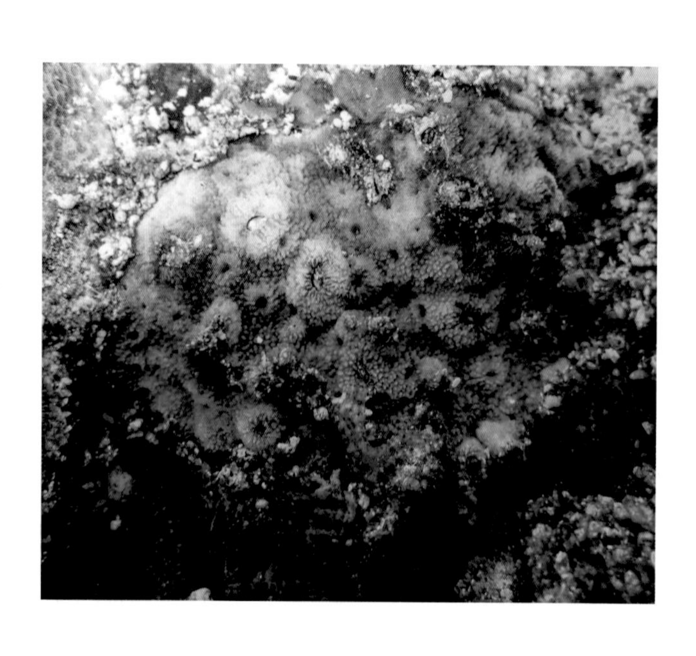

38. 多星孔珊瑚 *Astreopora myriophthalma* (Lamarck, 1816)

同物异名 无

生长型 群体为团块状，半球形到扁平，表面较平坦。

骨骼微细结构 珊瑚杯突出，多为圆锥形，少数呈椭圆形，大小不等，直径 1.8 ～ 2.8 mm，分布均匀，小而浸埋的类型散布在大的圆锥形珊瑚杯之间；杯壁外缘的小刺沿纵向排成小梁形成类似珊瑚肋的结构；隔片边缘通常较为光滑，第一轮长达 3/4 内半径，第二轮短或仅稍有痕迹；共骨上有短而精细复杂的刺突。

颜色、生境及分布 生活时为奶油色、淡黄色或棕色。生于多种珊瑚礁生境。广泛分布于印度 - 太平洋海区。

保护及濒危等级 国家 II 级重点保护野生动物，IUCN-无危。

39. 圆目星孔珊瑚 *Astreopora ocellata* Bernard, 1896

同物异名　无

生长型　群体为团块状、扁平皮壳状或圆顶状。

骨骼微细结构　珊瑚杯矮壮敦实，排列较为紧凑，杯壁厚，开口大，大珊瑚杯之间夹杂着小型个体，珊瑚杯圆形，直径最大 3.8 mm；第一轮隔片厚度由外向内逐渐变薄，一直延伸至珊瑚杯底部，长达 3/4 内半径，隔片在杯底有延长的齿突，有时交连成轴柱，第二轮隔片更短，第三轮有时可见；共骨粗糙海绵状，其上有小短刺，间距大。

颜色、生境及分布　生活时为淡奶油色或棕黄色。多生于浅水珊瑚礁，尤其是受风浪影响较大的上礁坡。广泛分布于印度 - 太平洋海区，但不常见。

保护及濒危等级　国家 II 级重点保护野生动物，IUCN- 无危。

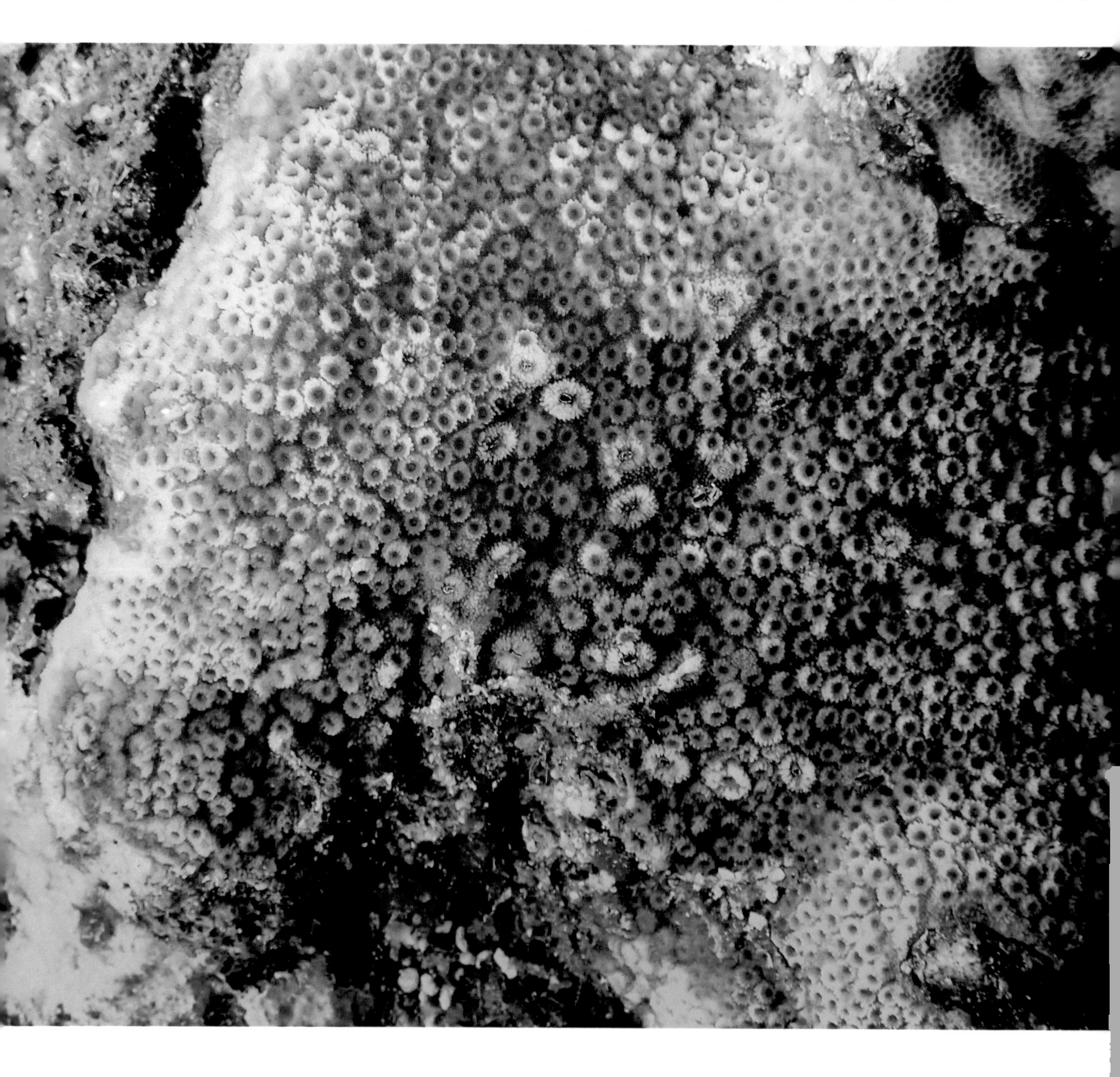

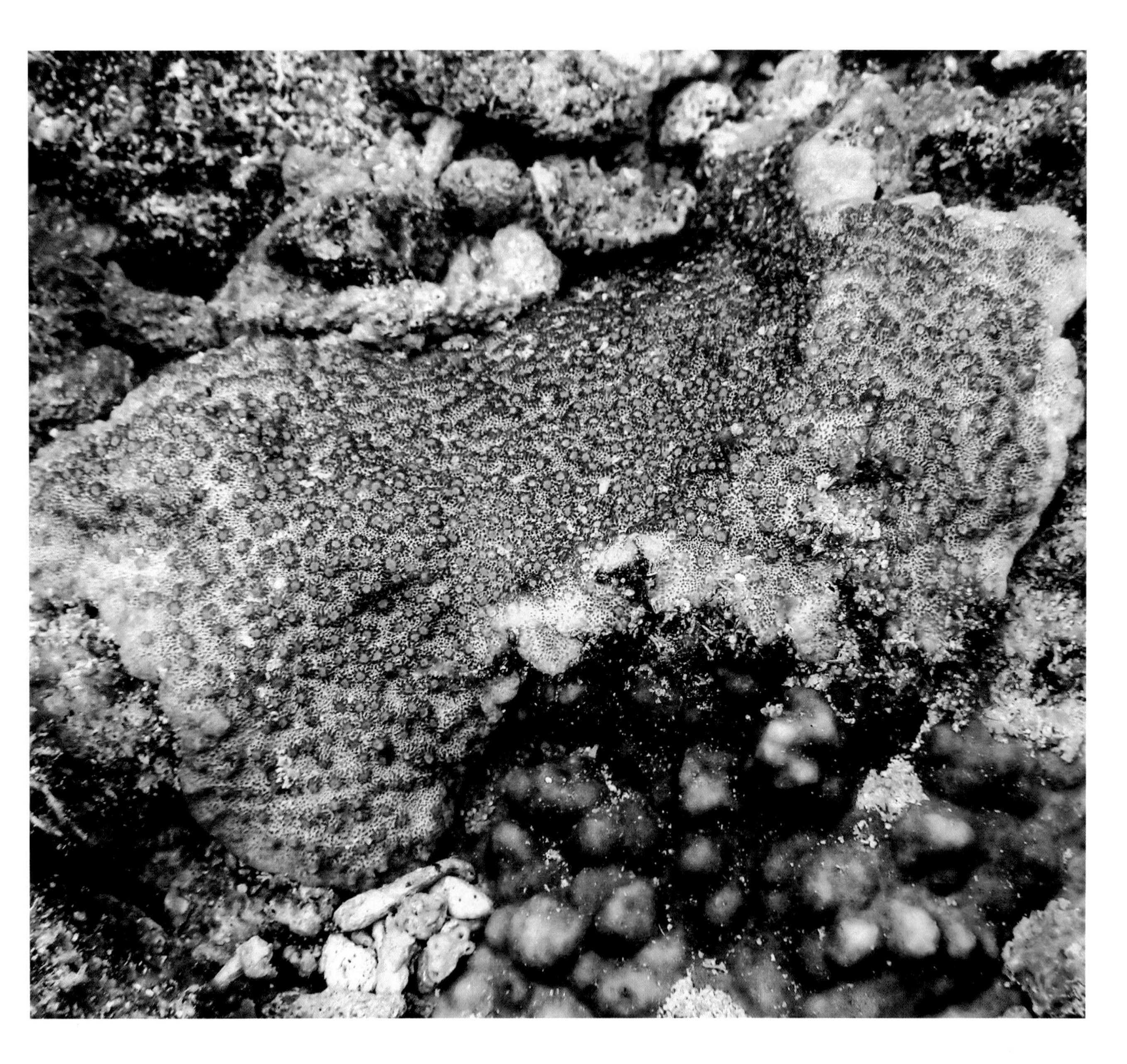

40. 蓝德尔星孔珊瑚 *Astreopora randalli* Lamberts, 1980

同物异名 无

生长型 群体为扁平的皮壳状或板状。

骨骼微细结构 珊瑚杯多浸埋，分布拥挤，有时也呈锥状且向边缘倾斜；珊瑚杯直径 1.5 mm，开口圆形，隔片 6～12 个，珊瑚杯的外缘由小刺向下排成列，形成类似珊瑚肋的结构，轴柱不发育；共骨上布满精细复杂的小刺，显得较为粗糙。

颜色、生境及分布 生活时为奶油色、绿色、灰色或棕色。多生于受庇护的珊瑚礁生境。广泛分布于太平洋，但不常见。

保护及濒危等级 国家 II 级重点保护野生动物，IUCN-无危。

同孔珊瑚属 *Isopora* Studer, 1879

群体分枝状或皮壳状；无轴珊瑚杯或在楔形分枝末端有多个珊瑚杯；杯壁和共骨上布满复杂迂回弯曲的小刺。

41. 杯状同孔珊瑚 *Isopora crateriformis* (Gardiner, 1898)

同物异名 *Acropora* (*Isopora*) *crateriformis*

生长型 群体为皮壳状，最大可形成直径达 80 cm 的圆形群体。

骨骼微细结构 分枝末端无轴珊瑚杯或偶然可见未发育成熟的轴珊瑚杯，一般难以分辨出，仅在短的刀片状突起边缘可以看出轴珊瑚杯，外周直径 1.5 ～ 2.2 mm，第一轮隔片约 1/3 内半径，第二轮无发育或约 1/4 内半径；辐射珊瑚杯分布拥挤接触，紧贴管状，明显的二分开口，珊瑚杯大小变化大，长 1 ～ 5 mm，第一轮隔片几乎等于内半径，第二轮长约 1/3 内半径；杯壁和共骨上布满迂回弯曲的小刺，小刺末端结构复杂。

颜色、生境及分布 生活时为棕色或绿色，分枝末端颜色较浅。生于多种珊瑚礁生境。广泛分布于印度 - 太平洋海区。

保护及濒危等级 国家 II 级重点保护野生动物，IUCN-易危。

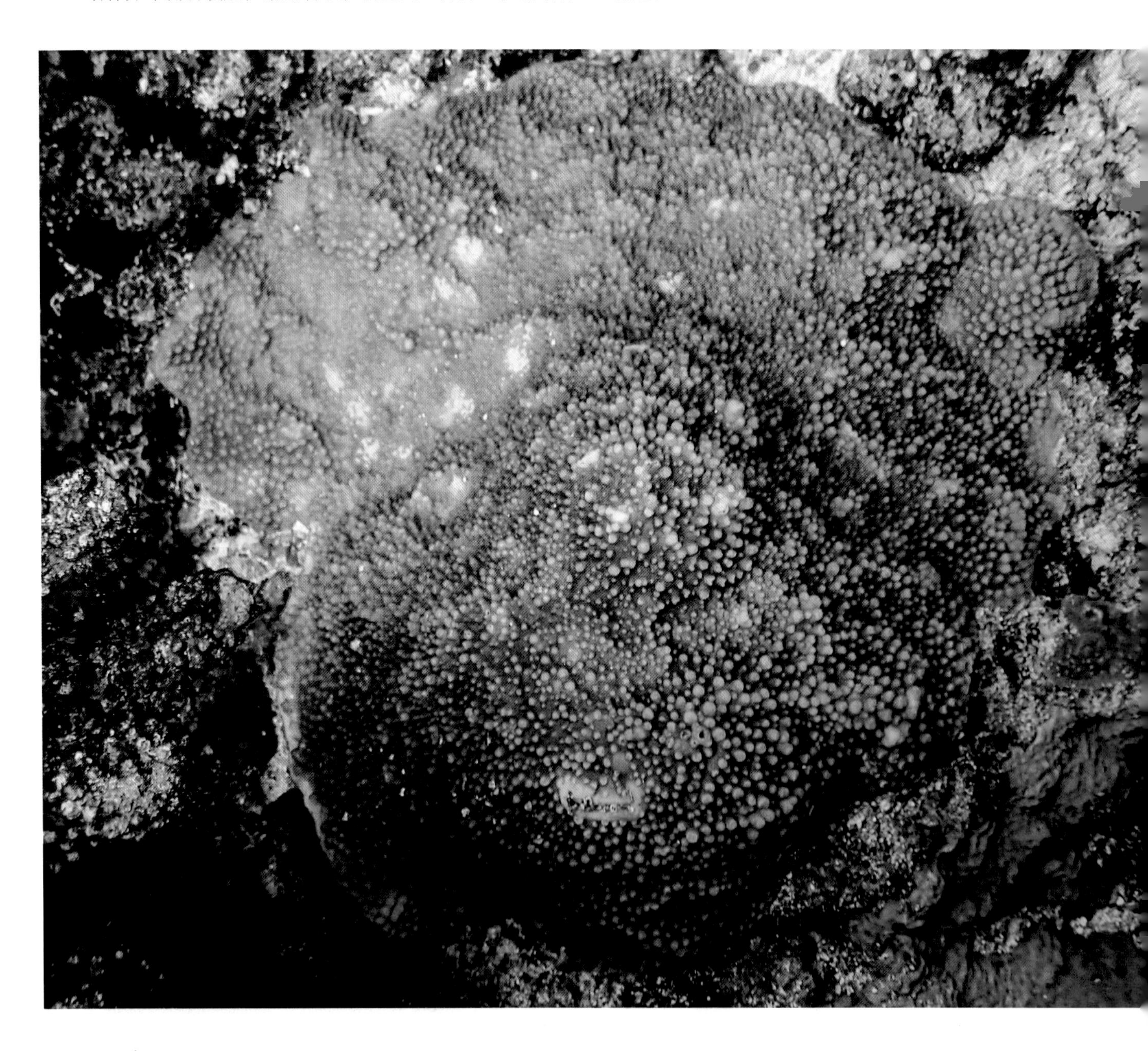

42. 楔形同孔珊瑚 *Isopora cuneata* (Dana, 1846)

同物异名 *Acropora* (*Isopora*) *cuneata*

生长型 群体由长楔形或刀片状分枝构成，分枝长 1.5 ～ 15 cm，高可达 15 cm，刀片或楔形分枝边缘常有多个新生小分枝。

骨骼微细结构 分枝末端无轴珊瑚杯或有多个轴珊瑚杯，轴珊瑚杯外周直径 1.5 ～ 3.1 mm，第一轮隔片长几乎等于内半径，第二轮长约 2/3 内半径，第三轮长约 1/3 内半径；辐射珊瑚杯大小均匀，圆锥状，第一轮隔片长约 1/3 内半径，第二轮长约 1/4 内半径；杯壁和共骨上迂回弯曲的小刺致密排列，小刺末端结构复杂。

颜色、生境及分布 生活时多为奶油色或棕色。生于多种珊瑚礁生境，尤其是上礁坡和礁坪。广泛分布于印度 - 太平洋海区。

保护及濒危等级 国家 II 级重点保护野生动物，IUCN- 易危。

蔷薇珊瑚属 *Montipora* Blainville, 1830

群体为叶片状、分枝状、表覆形、板状或亚团块状；珊瑚杯小，直径 2 mm 以下，无轴珊瑚杯；共骨网状，由垂直或水平的小梁相连交织而成，共骨平滑或有乳突（papilla）、疣突（verruca），或者融合形成脊塍（ridge）或瘤突结节（tuberculum）。

43. 瘿叶蔷薇珊瑚 *Montipora aequituberculata* Bernard, 1897

同物异名 无

生长型 群体为皮壳表覆形，或者由薄且扁平或扭曲的叶片搭叠成层状，有时甚至形成部分重叠的螺旋管状。

骨骼微细结构 珊瑚杯直径 0.4 ～ 0.8 mm，浸埋到突出，珊瑚杯周围有杯壁乳突，乳突有时融合形成长而窄的脊塍，在群体边缘，珊瑚杯向外倾斜，有些杯壁乳突形成罩的结构；共骨为乳突型网状结构，表面显得尤为粗糙。

颜色、生境及分布 生活时为棕色或紫色。多生于浅水珊瑚礁区。广泛分布于印度 - 太平洋海区，是蔷薇珊瑚属最为常见及形态最为多变的种类之一。

保护及濒危等级 国家 II 级重点保护野生动物，IUCN-无危。

44. 杯形蔷薇珊瑚 *Montipora caliculata* (Dana, 1846)

同物异名 无

生长型 群体为团块状或皮壳状，表面常有不规则的丘状突起。

骨骼微细结构 珊瑚杯浸埋或蜂窝状，珊瑚杯边缘有明显的不连续的波纹状脊塍，高度也不同；杯壁通常部分或全部消失，因此相邻的珊瑚杯可以连成短谷，而部分残留杯壁呈瘤突样；共骨上无乳突。

颜色、生境及分布 生活时为棕色或蓝色。生于多种珊瑚礁生境。广泛分布于印度 - 太平洋海区，但不常见。

保护及濒危等级 国家 II 级重点保护野生动物，IUCN- 易危。

45. 塞布蔷薇珊瑚
Montipora cebuensis Nemenzo, 1976

同物异名 无

生长型 群体为叶片状，常形成不规则的扭曲叶片或杯状。

骨骼微细结构 珊瑚杯小，直径通常 0.5 mm，不规则地排列于脊塍或疣突之间；隔片两轮；共骨上的疣突和脊塍明显，稀疏而不规则，但脊塍常和群体边缘垂直排列。

颜色、生境及分布 生活时为棕色或蓝色。生于多种珊瑚礁生境，尤其是上礁坡和潟湖。广泛分布于印度 - 太平洋海区，但不常见。

保护及濒危等级 国家 II 级重点保护野生动物，IUCN-易危。

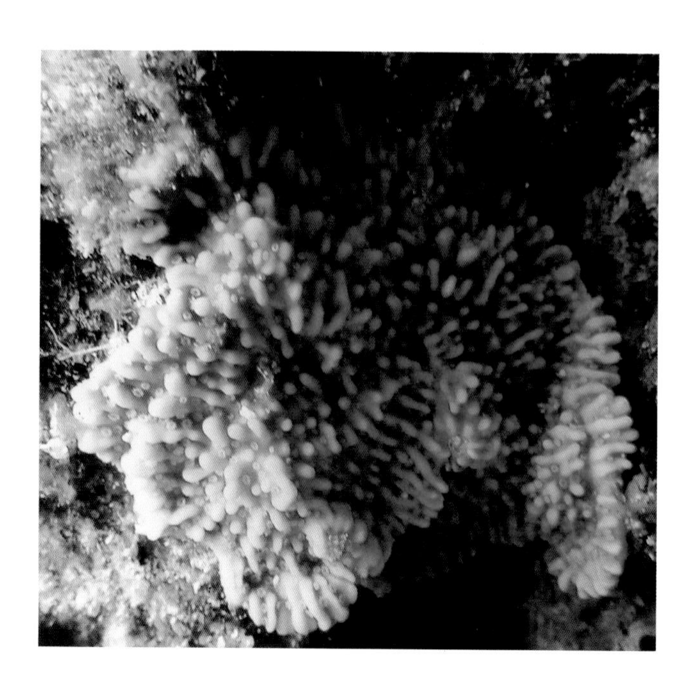

46. 迷纹蔷薇珊瑚 *Montipora confusa* Nemenzo, 1967

同物异名 无

生长型 群体基部皮壳状或板状，其上有不规则的柱状分枝，分枝大小和形状不规则。

骨骼微细结构 珊瑚杯浅窝状或浸埋状，直径约 0.8mm；珊瑚杯周围的共骨突出，不规则地愈合形成脊塍，在分枝末端脊塍纵向排列，呈现出火焰状的外观。

颜色、生境及分布 生活时为棕色或棕绿色，群体边缘和脊塍颜色浅。多生于浅水珊瑚礁生境，尤其是潟湖。广泛分布于印度 - 太平洋海区，不常见，但特征尤其明显。

保护及濒危等级 国家 II 级重点保护野生动物，IUCN- 近危。

47. 圆突蔷薇珊瑚 *Montipora danae* Milne Edwards & Haime, 1851

同物异名 无

生长型 群体为团块状、亚团块状或边缘游离的板状。

骨骼微细结构 共骨表面布满疣突，疣突的形状和大小均不规则，多为圆突状或部分愈合呈短脊塍，在群体边缘常融合成辐射状的短脊塍，和群体边缘垂直；珊瑚杯小，浸埋状，仅位于疣突之间。

颜色、生境及分布 生活时为淡棕色，边缘颜色浅。多生于上礁坡和潟湖。广泛分布于印度 - 太平洋海区，较常见。

保护及濒危等级 国家 II 级重点保护野生动物，IUCN-无危。

48. 繁锦蔷薇珊瑚 *Montipora efflorescens* Bernard, 1897

同物异名 无

生长型 群体为亚团块状或基部皮壳，表面有许多拥挤的丘状突起或短柱状突起，常融合形成球形隆起，群体边缘卷曲。

骨骼微细结构 共骨上布满乳突，群体表面突起部位上乳突明显较长，同时珊瑚杯周围的杯壁乳突（thecal papilla）比共骨乳突长，而且常围绕成一个环状结构。

颜色、生境及分布 生活时常为亮绿或深绿色，有时也呈奶油色、棕色或蓝色。多生于浅水上礁坡。广泛分布于印度-太平洋海区，常见。

保护及濒危等级 国家II级重点保护野生动物，IUCN-近危。

49. 叶状蔷薇珊瑚 *Montipora foliosa* (Pallas, 1766)

同物异名 无

生长型 群体基部皮壳上生有宽而薄的叶片，边缘稍内卷，叶片常搭叠成层状或卷曲成螺旋状，可形成直径达数米的大群体。

骨骼微细结构 珊瑚杯直径 0.6 ～ 0.8 mm；共骨为瘤突型网状结构，叶片上的瘤突可形成辐射状的脊塍，尤其是边缘部分的脊塍，垂直于边缘，最长可达 4 cm，珊瑚杯在脊塍之间排成列。

颜色、生境及分布 生活时为奶油色、粉红色或棕色，群体边缘颜色浅。生于各种珊瑚礁生境，尤其是较为隐蔽的上礁坡。广泛分布于印度 - 太平洋海区，较为常见。

保护及濒危等级 国家 II 级重点保护野生动物，IUCN- 近危。

50. 青灰蔷薇珊瑚 *Montipora grisea* Bernard, 1897

同物异名 无

生长型 群体为团块状、亚团块状或厚的皮壳板状。

骨骼微细结构 珊瑚杯通常较为突出，或既有突出也有浸埋状，直径在 0.6 ～ 0.8 mm；所有的珊瑚杯周围均有 2 ～ 7 个部分发生融合的杯壁乳突，杯壁乳突比共骨乳突明显要大且长，有时相邻珊瑚杯发生融合，乳突表面布满精细复杂的小刺。

颜色、生境及分布 生活时常为深棕色或深绿色，有时也呈浅色或亮色。多生于上礁坡。广泛分布于印度 - 太平洋海区，常见种。

保护及濒危等级 国家 II 级重点保护野生动物，IUCN-无危。

51. 鬃刺蔷薇珊瑚 *Montipora hispida* (Dana, 1846)

同物异名 无

生长型 群体为皮壳状或板状，表面经常有突起或不规则圆柱状分枝，整体形态随皮壳基底的外形而变化。

骨骼微细结构 珊瑚杯直径 0.8 mm，浸埋到突出都有，突出的珊瑚杯周围被 4 ～ 8 个杯壁乳突包围；共骨上也有乳突，但是小且更为分散；基底板状两面都有珊瑚杯，但背面的珊瑚杯小且稀疏。

颜色、生境及分布 生活时为奶油色或棕色。多生于水体浑浊的生境。分布于太平洋西部和红海，较为常见。

保护及濒危等级 国家 II 级重点保护野生动物，IUCN- 无危。

52. 单星蔷薇珊瑚 *Montipora monasteriata* (Forskål, 1775)

同物异名 无

生长型 群体为皮壳块状或厚板状，表面起伏不平，板状群体的单面或双面均有水螅体，可以形成层叠的大群体。

骨骼微细结构 珊瑚杯直径 0.6 ～ 0.7 mm，肉眼可以看到星状的珊瑚杯，珊瑚杯多为浸埋状，仅位于乳突或瘤突之间，当珊瑚杯周边的乳突或瘤突发生融合时也可呈现为亚浅窝 - 漏斗状；板状群体边缘的乳突或瘤突有时也融合成短的脊塍，与边缘垂直，生于海浪强劲处时群体表面多发育较大的瘤突；共骨为乳突型网状结构，其上布满乳突或瘤突，直径 0.4 ～ 1.5 mm，其上有精细复杂的小刺。

颜色、生境及分布 生活时为浅棕色、绿色、粉红色或蓝色。多生于上礁坡。广泛分布于印度 - 太平洋海区，较常见。

保护及濒危等级 国家 II 级重点保护野生动物，IUCN-无危。

53. 柱节蔷薇珊瑚
Montipora nodosa (Dana, 1846)

同物异名 无

生长型 群体为团块状、亚团块状或皮壳状，表面平整或有节瘤状突起，突起大小和形状通常不规则且不形成柱状。

骨骼微细结构 珊瑚杯浸埋到突出，直径 0.7 ～ 1.3 mm，珊瑚杯由融合成杯壁乳突包围，可形成管状；共骨上也有乳突，乳突上有复杂精细的小刺。

颜色、生境及分布 生活时为浅棕色、红色、绿色或蓝色。多生于浅水珊瑚礁生境。广泛分布于印度 - 太平洋海区，通常不常见。

保护及濒危等级 国家 II 级重点保护野生动物，IUCN- 近危。

54. 翼形蔷薇珊瑚 *Montipora peltiformis* Bernard, 1897

同物异名 无

生长型 群体为亚团块状或平板状，表面平整或有节瘤状突起，突起大小和形状通常不规则，有时呈柱状。

骨骼微细结构 珊瑚杯多为浸埋，在突起之间的凹陷处分布尤其密集，直径约 0.6 mm，板状群体的背面通常也有小而分散的珊瑚杯；扁平部位的珊瑚杯多为浸埋，而瘤突上的珊瑚杯则突出，其周边的杯壁乳突不规则且围成边框，瘤突上的杯壁乳突和共骨乳突稍有不同。

颜色、生境及分布 生活时为浅棕色，珊瑚虫多呈蓝色或紫色。多生于浅水礁坡。广泛分布于印度 - 太平洋海区。

保护及濒危等级 国家 II 级重点保护野生动物，IUCN- 近危。

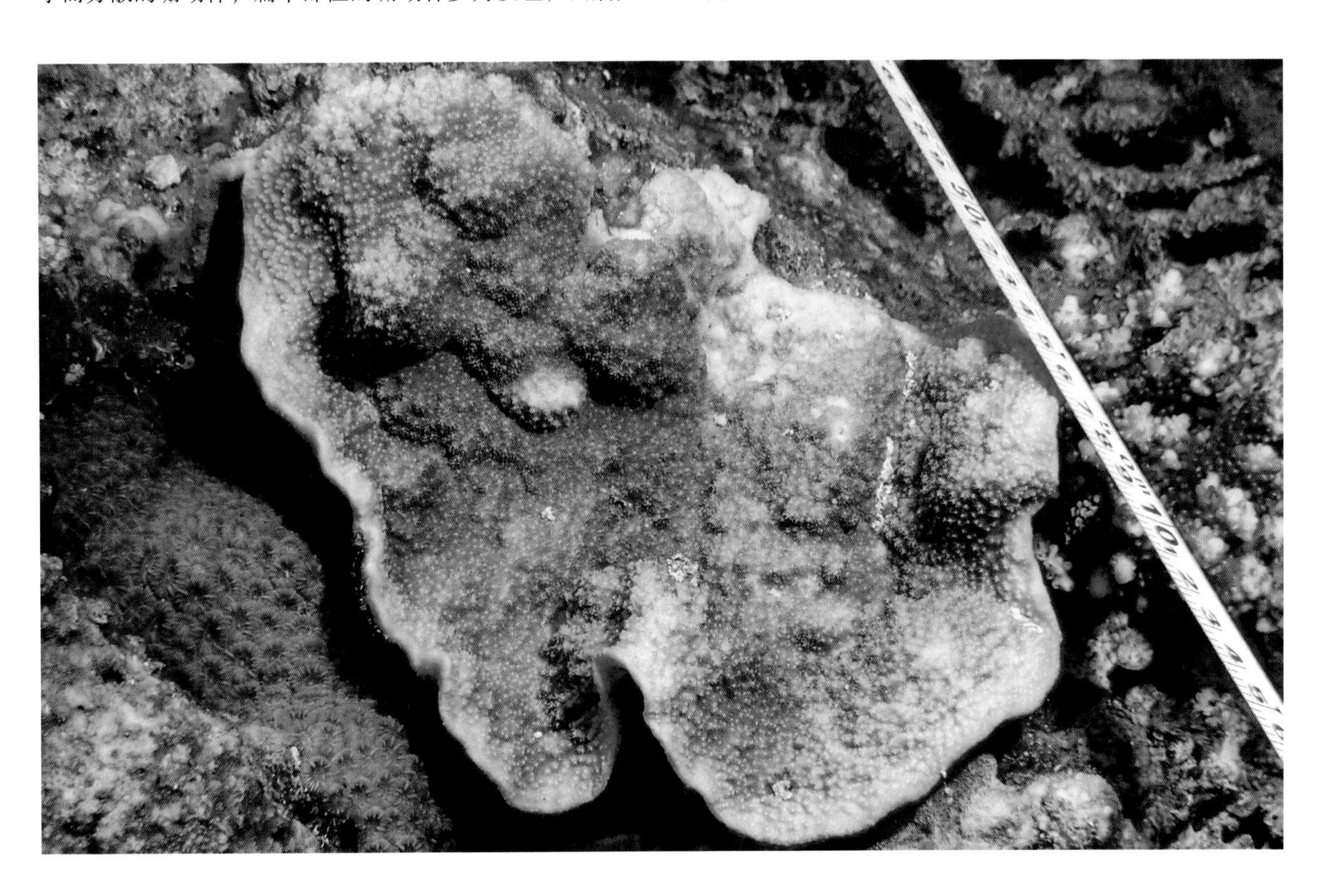

55. 微孔蔷薇珊瑚 *Montipora porites* Veron, 2000

同物异名 无

生长型 群体基部皮壳状，上生出不规则分枝，分枝紧凑或稀疏。

骨骼微细结构 共骨表面有明显的脊塍，珊瑚杯深埋于脊塍之间；珊瑚杯单个分布或相连成短谷；珊瑚虫形态和珊瑚杯的骨骼结构均与滨珊瑚类似。

颜色、生境及分布 生活时为浅棕色或灰色，脊塍颜色较浅。多生于受庇护的浅水生境和礁坡。分布于太平洋西部，偶见种。

保护及濒危等级 国家II级重点保护野生动物，IUCN- 近危。

56. 结节蔷薇珊瑚 *Montipora tuberculosa* (Larmark, 1816)

同物异名 无

生长型 群体为亚团块状、皮壳状或板状，表面通常光滑，有时也可见不规则的丘突。

骨骼微细结构 珊瑚杯小，浸埋或突出，分布均匀，直径 0.7 mm；群体表面布满乳突，乳突表面布满精细的小刺，乳突大小约等于一个珊瑚杯直径，有时乳突也发生融合形成更大的结节，珊瑚杯位于乳突之间，乳突上无珊瑚杯分布；共骨粗糙海绵状。

颜色、生境及分布 生活时通常为暗棕色或绿色，有时也为亮色，如紫色、蓝色或黄色。生于多种珊瑚礁生境。广泛分布于印度 - 太平洋海区，较为常见。

保护及濒危等级 国家 II 级重点保护野生动物，IUCN- 无危。

57. 膨胀蔷薇珊瑚 *Montipora turgescens* Bernard, 1897

同物异名 无

生长型 群体为皮壳状、团块状、半球形或柱状，生于风浪强劲的生境时表面有许多小丘状突起，突起大小变化大，直径 3 ～ 12 mm。

骨骼微细结构 珊瑚杯多而密，均匀分布于突起之上或之间，直径 0.7 ～ 0.9 mm；共骨海绵状，为浅窝型网状结构，无共骨乳突或瘤突。

颜色、生境及分布 生活时为棕色、奶油色或紫色。生于各种珊瑚礁生境。广泛分布于印度 - 太平洋海区。

保护及濒危等级 国家 II 级重点保护野生动物，IUCN- 无危。

58. 波形蔷薇珊瑚

Montipora undata Bernard, 1897

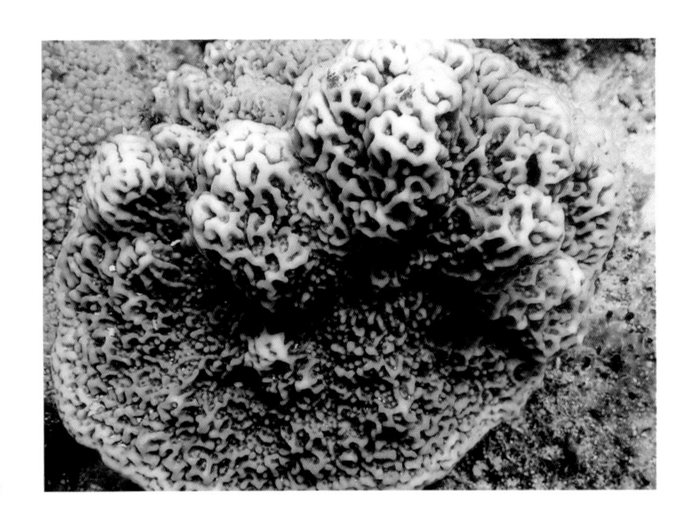

同物异名 无

生长型 群体为水平或垂直的板状、厚的柱状或分枝状。

骨骼微细结构 珊瑚杯浸埋状，直径 0.4 ～ 0.6 mm，不明显，位于脊塍之间；群体表面布满结节，常融合成脊塍，边缘位置的脊塍通常互相平行且和群体边缘垂直。

颜色、生境及分布 生活时为紫色、蓝色或绿色。多生于上礁坡。广泛分布于印度 - 太平洋海区。

保护及濒危等级 国家 II 级重点保护野生动物，IUCN- 近危。

59. 疣突蔷薇珊瑚 *Montipora verrucosa* (Lamarck, 1816)

同物异名 无

生长型 群体为皮壳状、亚团块状，可形成柱状或板状。

骨骼微细结构 群体表面均匀布满疣突，疣突大小和形状相对均一，圆形，直径约 0.9 mm；珊瑚杯浸埋状，仅位于疣突之间的共骨上；共骨海绵状；疣突表面布满精细的小刺。

颜色、生境及分布 生活时通常为蓝色、棕色或杂色。多生于上礁坡和潟湖。广泛分布于印度 - 太平洋海区，有时常见。

保护及濒危等级 国家 II 级重点保护野生动物，IUCN- 无危。

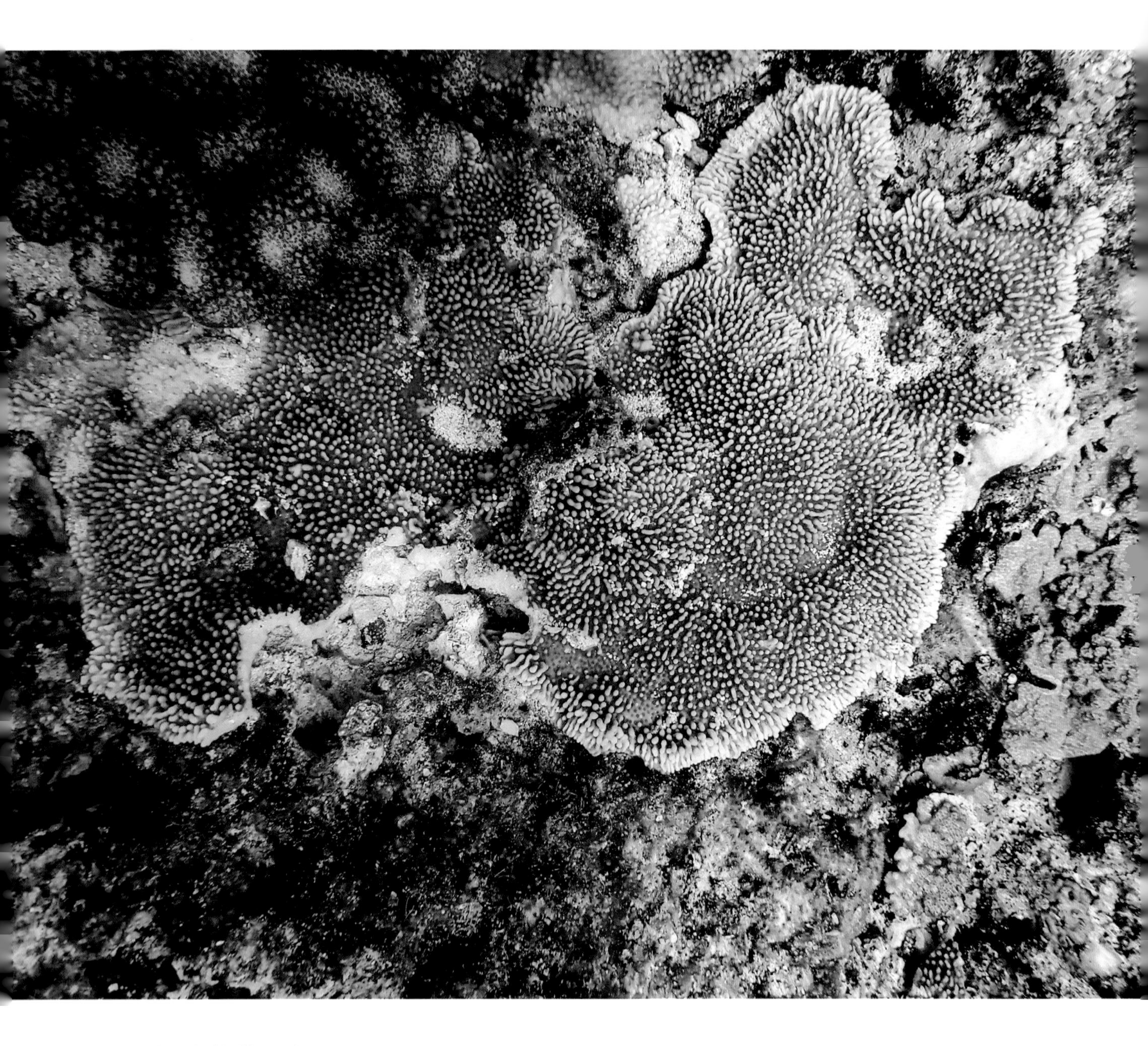

60. 细疣蔷薇珊瑚 *Montipora verruculosa* Veron, 2000

同物异名 *Montipora verruculosus*

生长型 群体多为厚的水平板状，直径最大超 2 m。

骨骼微细结构 板状群体表面布满圆形疣突，疣突直径平均 2 mm，大小较为均一，疣突仅在群体边缘 5 cm 以内会排列成辐射状的脊，在其他部位排列相对规则且均匀；珊瑚杯小，浸埋状，直径约 0.5 mm，位于疣突之间。

颜色、生境及分布 生活时颜色多为灰色或灰绿色。多生于上礁坡和潟湖。主要分布于太平洋西部，不常见。

保护及濒危等级 国家 II 级重点保护野生动物，IUCN-易危。

菌珊瑚科

Agariciidae Gray, 1847

菌珊瑚科在印度 - 太平洋海区共有 4 个属，分别为加德纹珊瑚属 *Gardineroseris*、薄层珊瑚属 *Leptoseris*、厚丝珊瑚属 *Pachyseris* 和牡丹珊瑚属 *Pavona*，但有学者认为厚丝珊瑚的分类地位存疑而将其列入未定科。

菌珊瑚科营群体生活，仅有少数化石种为单体，生长型为团块状、板状或叶片状，无性生殖方式为内触手芽生殖或口周芽生殖（circumoral budding）；杯壁无、发育不良或由合隔桁围成；隔片薄且分布均匀，相邻珊瑚杯的隔片多汇合相连形成隔片 - 珊瑚肋（septo-costa）。

菌珊瑚科是石珊瑚目形态较为独特且容易辨认的类群之一。可见于各种珊瑚礁生境，如礁坡和潟湖。广泛分布于印度 - 太平洋海区。

加德纹珊瑚属 *Gardineroseris* Scheer & Pillai, 1974

单种属，多为团块状；珊瑚杯多边形，位于凹陷深处，表面有明显的尖锐脊塍。

61. 加德纹珊瑚 *Gardineroseris planulata* (Dana, 1846)

同物异名 无

生长型 群体为团块状、柱状、皮壳状或不规则状，皮壳状群体可见游离的板状边缘，群体表面常起伏不平。

骨骼微细结构 珊瑚杯多边形，单独排列或形成短谷，短谷中通常不超过 5 个珊瑚杯，珊瑚杯直径 5 ～ 7 mm，深度达 3 mm；杯壁清晰，顶端形成尖而坚固的脊塍；隔片数目多，排列紧密，突出程度相当，隔片 - 珊瑚肋的形态与牡丹珊瑚相似。

颜色、生境及分布 生活时为淡棕色、深棕色、黄色或绿色。多生于浅水礁坪和礁缘区。广泛分布于印度 - 太平洋海区。

保护及濒危等级 国家 II 级重点保护野生动物，IUCN- 无危。

薄层珊瑚属 *Leptoseris* Milne Edwards & Haime, 1849

皮壳状或板状；珊瑚杯仅分布在上表面，浅窝形；杯壁不明显，珊瑚杯之间由脊塍隔开；隔片-珊瑚肋长短粗细不等，边缘光滑或有小齿；轴柱通常发育。

62. 类菌薄层珊瑚 *Leptoseris mycetoseroides* Wells, 1954

同物异名 无

生长型 群体为皮壳状或薄板状，边缘有时游离，群体有时搭叠成层状或螺旋状轮生；群体表面有发育良好的扭曲脊塍。

骨骼微细结构 珊瑚杯单个排列或连成不规则的短谷，常和边缘平行，当脊塍排列规则时，珊瑚杯和隔片-珊瑚肋的排列方式类似于厚丝珊瑚；隔片-珊瑚肋均匀精美，基本等大，紧凑而平滑；轴柱很明显，尖顶状。

颜色、生境及分布 生活时为奶油色、棕色或红棕色。多生于岩石侧面或遮蔽物之下。广泛分布于印度-太平洋海区，不常见。

保护及濒危等级 国家II级重点保护野生动物，IUCN-无危。

厚丝珊瑚属 *Pachyseris* Milne Edwards & Haime, 1849

群体为叶状或皮壳状、亚团块状，表面布满脊塍；脊塍长短不一或呈同心圆平行排列或不规则排列；隔片 - 珊瑚肋细，排列紧密整齐，轴柱裂瓣小梁状或无。

63. 芽突厚丝珊瑚 *Pachyseris gemmae* Nemenzo, 1955

同物异名 无

生长型 群体为板状或皮壳状，通常有水平和垂直的不规则的扭曲叶状体。

骨骼微细结构 珊瑚杯以谷的形态分布，板叶基部的谷不规则，而边缘的谷近平行于叶片边缘；隔片 - 珊瑚肋排列规则而紧密，其上有明显的细齿；脊塍的长短和厚度均不规则，弯曲起伏；轴柱呈连续的叶片状小梁，而且与隔片 - 珊瑚肋发生明显融合。

颜色、生境及分布 生活时为棕色。多生于较为隐蔽的珊瑚礁环境。分布于印度洋东部和太平洋西部，偶见种。

保护及濒危等级 国家 II 级重点保护野生动物，IUCN-近危。

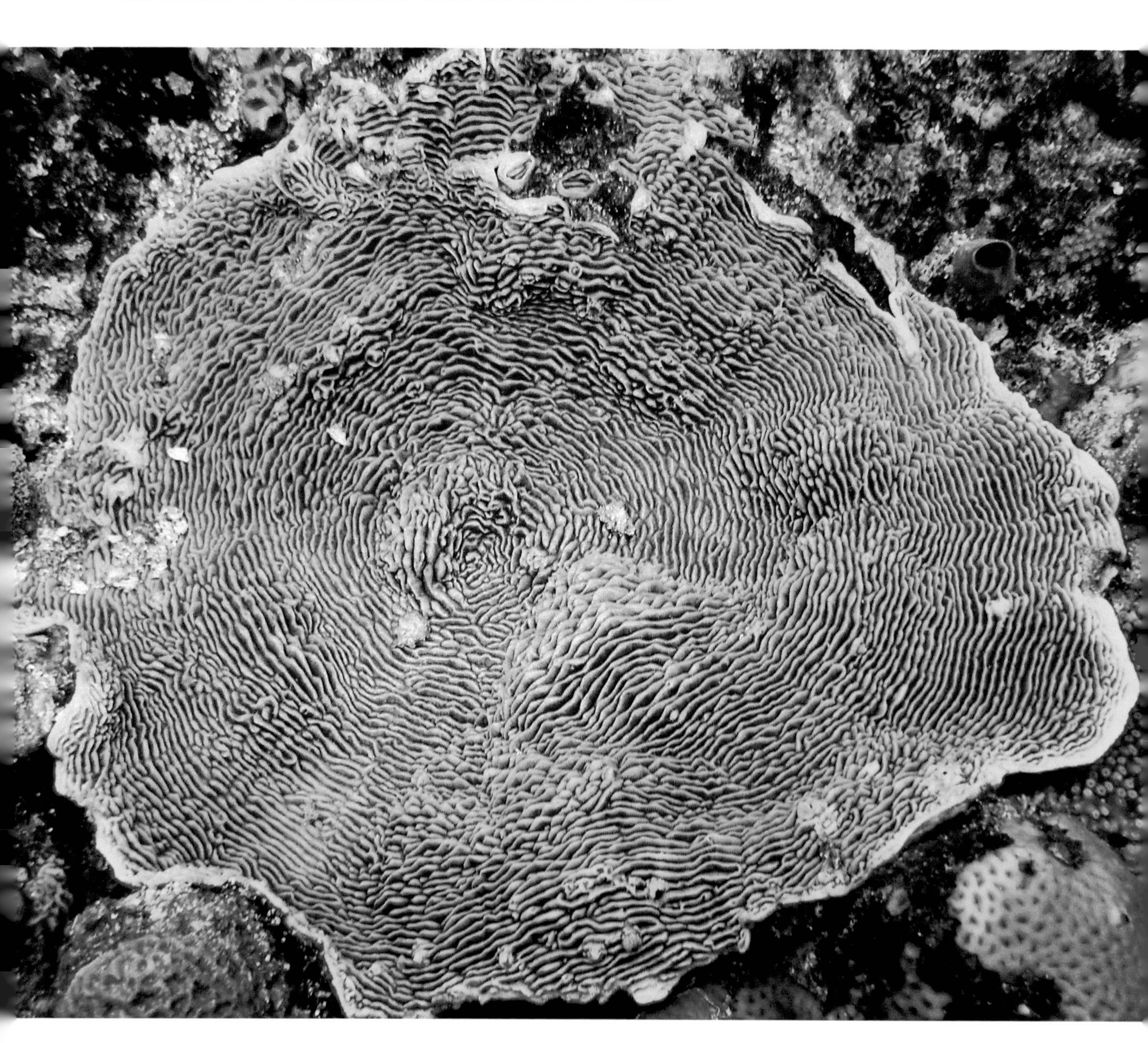

64. 皱纹厚丝珊瑚 *Pachyseris rugosa* (Lamarck, 1801)

同物异名 无

生长型 小型群体通常为皮壳状，边缘游离板状，仅在上表面有珊瑚杯分布；大型群体则加厚成团块状，表面有垂直的板状、叶状或柱状突起，突起常分枝且交会相连。

骨骼微细结构 珊瑚杯通常难以分辨，多连成短谷，位于弯曲且不规则的脊塍之间，谷最长可达 10 cm；隔片 - 珊瑚肋较规整，突出程度和分布间距几乎相等；轴柱明显，薄而稍扭曲，由连续或间断的叶片状小梁组成。

颜色、生境及分布 生活时多为浅黄色。生于多种珊瑚礁生境。广泛分布于印度 - 太平洋海区。

保护及濒危等级 国家 II 级重点保护野生动物，IUCN-易危。

65. 标准厚丝珊瑚 *Pachyseris speciosa* (Dana, 1846)

同物异名 无

生长型 群体为叶状，叶片表面通常不规则有起伏，有叠生的次生叶。

骨骼微细结构 珊瑚杯以谷的形式分布于脊塍之间；脊塍覆瓦状平行排列，生于隐蔽且弱光环境中的脊塍低且平滑，而生于海浪强劲环境中的脊塍高、不规则且长短不一，但脊塍均以群体中部为中心大致呈同心圆致密排列；隔片 - 珊瑚肋两轮且交替排列；无轴柱发育。

颜色、生境及分布 生活时为灰色、单棕色或深棕色黄色，群体边缘为白色。生于多种珊瑚礁生境。广泛分布于印度 - 太平洋海区。

保护及濒危等级 国家 II 级重点保护野生动物，IUCN- 无危。

牡丹珊瑚属 *Pavona* Lamarck, 1801

群体为团块状、柱状、叶状或板状；珊瑚杯小而浅；杯壁不明确，脊塍有时明显；珊瑚杯之间由隔片 - 珊瑚肋相连，隔片 - 珊瑚肋很细，大小交替排列。

66. 厚板牡丹珊瑚
Pavona duerdeni Vaughan, 1907

同物异名 无

生长型 群体生长型较独特，为团块状，多分成平行排列或不规则排列的脉状或丘叶状，可形成直径达数米的大型群体，但生长速度慢，骨骼致密。

骨骼微细结构 珊瑚杯小而浅，因此群体表面光滑，珊瑚杯直径 3 ～ 4 mm，分布均匀；隔片 - 珊瑚肋两轮，明显交替排列，第一轮较厚，隔片两侧布满细小颗粒，边缘光滑。

颜色、生境及分布 生活时为均一的灰色、黄色或棕色。生于多种珊瑚礁生境。广泛分布于印度 - 太平洋海区，但不常见。

保护及濒危等级 国家 II 级重点保护野生动物，IUCN- 无危。

67. 变形牡丹珊瑚
Pavona explanulata (Lamarck, 1816)

同物异名 无

生长型 群体为皮壳状或仅上表面有珊瑚杯分布的薄板状，有时也呈亚团块状。

骨骼微细结构 珊瑚杯深凹状，直径 2.5 ～ 6 mm，间距大，分布不规则，而边缘部位的珊瑚杯多向外倾斜；隔片 - 珊瑚肋两轮，交替排列，第一轮加厚且明显突出，隔片 - 珊瑚肋排列紧密，常和周边珊瑚杯的隔片 - 珊瑚肋汇合交连；轴柱由小梁融合成的细柱状，无明显的杯壁。

颜色、生境及分布 生活时多为深棕色、浅棕色或灰色，水螅体白天可见。生于多种珊瑚礁生境。广泛分布于印度 - 太平洋海区。

保护及濒危等级 国家 II 级重点保护野生动物，IUCN- 无危。

68. 易变牡丹珊瑚 *Pavona varians* (Verrill, 1864)

同物异名 无

生长型 群体为皮壳状、亚团块状、薄而扁平的板叶状或混合型。

骨骼微细结构 表面有低矮而弯曲的脊塍，脊塍形状规则且顶部较钝，其长短和排列不规则；珊瑚杯分布不规则，单个分布或连成短谷；隔片上有细颗粒，隔片 - 珊瑚肋高低两种类型交替排列；轴柱为扁平突起的小梁或未发育完全。

颜色、生境及分布 生活时为黄色、淡黄色或绿色，脊塍顶部通常颜色较浅。生于多种珊瑚礁生境。广泛分布于印度 - 太平洋海区，常与板叶牡丹珊瑚伴生。

保护及濒危等级 国家 II 级重点保护野生动物，IUCN- 无危。

木珊瑚科

Dendrophylliidae Gray, 1847

木珊瑚科包括造礁和非造礁类群，共有 5 个属，分别是杜沙珊瑚属 *Duncanopsammia*、陀螺珊瑚属 *Turbinaria*、锥形珊瑚属 *Balanophyllia*、筒星珊瑚属 *Tubastraea* 和异沙珊瑚属 *Heteropsammia*。其中，杜沙珊瑚和陀螺珊瑚与虫黄藻共生，属于造礁珊瑚；锥形珊瑚和异沙珊瑚为单体珊瑚。尽管该科珊瑚生长型相差很大，它们的共同特征为有厚的合隔桁鞘壁、共骨多孔及隔片发育遵循 Pourtales 排列方式。

陀螺珊瑚为叶状到厚板状，通常形成大型群体，至少在早期发育阶段隔片按 Pourtales 方式排列；轴柱发育良好。

可见于各种珊瑚礁生境，尤其是在高纬度水体浑浊的珊瑚礁区。广泛分布于印度 - 太平洋海区。

杜沙珊瑚属 *Duncanopsammia* Wells, 1936

Arrigoni 等（2014）的分子系统学研究发现盾形陀螺珊瑚 *Turbinaria peltata* 和 *Duncanopsammia axifuga* 的亲缘关系更近，因此将其并入杜沙珊瑚属。杜沙珊瑚属现共包括两个种，常见生长型为分枝状、片状或板状，水螅体和口盘大而明显，白天常伸出。

69. 盾形杜沙珊瑚 *Duncanopsammia peltata* (Esper, 1794)

同物异名 盾形陀螺珊瑚 *Turbinaria peltata*

生长型 群体为皮壳状到叶状，常呈盾牌形，大型群体也可呈层层搭叠的叶状或卷曲的柱状，基部通常有 1 个附着柄，群体表面凹凸不平，边缘有皱褶。

骨骼微细结构 珊瑚杯圆形，直径 3 ~ 5 mm，仅分布在上表面，群体中部的珊瑚杯多浸埋，在凸面和群体边缘的珊瑚杯则突出且倾斜；隔片 3 轮，第三轮刺状或无，隔片边缘有细齿，两侧光滑无颗粒；轴柱圆顶形，海绵状，由扭曲的棒状小梁和颗粒交织形成。

颜色、生境及分布 生活时为灰褐或棕色，白天可见水螅体触手伸出。生于多种珊瑚礁生境，尤其是受庇护的浑浊水域，也见于礁坡。广泛分布于印度 - 太平洋海区，较常见。

保护及濒危等级 国家 II 级重点保护野生动物，IUCN- 易危。

陀螺珊瑚属 *Turbinaria* Oken, 1815

群体多为板状或叶状；珊瑚杯圆形、浸埋或管状；共骨多孔，隔片较短；轴柱大而致密。常见于浑浊的水体。

70. 复叶陀螺珊瑚 *Turbinaria frondens* (Dana, 1846)

同物异名 无

生长型 群体为皮壳状、团块状或叶板状，通常为水平或垂直的宽阔叶片状，或者扭曲为不规则形状，珊瑚杯仅分布在上表面。

骨骼微细结构 珊瑚杯直径变化较大，1.5～3.5 mm，浸埋到长管状，边缘位置珊瑚杯多呈长管状且明显向外倾斜；轴柱椭圆形，海绵状。

颜色、生境及分布 生活时多为深棕色、红棕色或棕绿色。生于各种珊瑚礁生境。广泛分布于印度 - 太平洋海区。

保护及濒危等级 国家 II 级重点保护野生动物，IUCN-无危。

71. 皱折陀螺珊瑚 *Turbinaria mesenterina* (Lamarck, 1816)

同物异名 无

生长型 群体叶状，边缘向上方皱折，甚至卷成不规则管状或筒状。

骨骼微细结构 珊瑚杯圆形，仅分布在叶片上表面，直径约 2 mm，生于潮间带的珊瑚杯大而突出，杯壁厚，但生于浑浊或受庇护水体的珊瑚杯小，管状稍突出；隔片 3 轮，前两轮等大或不等，第三轮更短或无，边缘有细齿，两侧有颗粒；轴柱椭圆形，疏松海绵状；共骨多孔，上有尖齿或小刺。

颜色、生境及分布 生活时为灰绿色或棕灰色，珊瑚虫常为白色。生于多种珊瑚礁生境，尤其是浑浊的浅水礁区。广泛分布于印度 - 太平洋海区。

保护及濒危等级 国家 II 级重点保护野生动物，IUCN- 易危。

72. 肾形陀螺珊瑚 *Turbinaria reniformis* Bernard, 1896

同物异名 无

生长型 群体多为水平的叶板状，常层层搭叠，仅上表面有珊瑚虫分布。

骨骼微细结构 珊瑚杯通常较为分散，但在某些部位也很拥挤而稍接触，珊瑚杯浸埋或突出呈锥状，珊瑚杯直径 1.5 ～ 2 mm，杯壁厚；隔片两轮等大或不等，通常为 12 个，有时多达 20 个，隔片边缘光滑或有细齿；轴柱圆顶状，似海绵多孔。

颜色、生境及分布 生活时为黄绿色，水螅体亮黄色，群体边缘颜色也比较鲜艳。多生于水体浑浊的生境。广泛分布于印度 - 太平洋海区。

保护及濒危等级 国家 II 级重点保护野生动物，IUCN- 易危。

73. 小星陀螺珊瑚 *Turbinaria stellulata* (Lamarck, 1816)

同物异名 无

生长型 群体最初为皮壳板状，随着生长逐渐变为团块状或圆顶状。

骨骼微细结构 珊瑚杯为平顶圆锥形，突出且稍倾斜，直径 3 ～ 4 mm，杯口宽达 2 mm；隔片 24 ～ 36 个，从杯缘延伸至轴柱，隔片边缘有缺刻齿，内缘末端有垂直突起；轴柱圆形到椭圆形，海绵状；共骨网状且有粗糙刺花。

颜色、生境及分布 生活时为灰褐色、棕色或浅黄绿色。多生于上礁坡和水体浑浊的生境。广泛分布于印度 - 太平洋海区。

保护及濒危等级 国家 II 级重点保护野生动物，IUCN-易危。

真叶珊瑚科

Euphylliidae Veron, 2000

真叶珊瑚科在太平洋主要有 4 个属，即西沙珊瑚属 *Coeloseris*、真叶珊瑚属 *Euphyllia*、纹叶珊瑚属 *Fimbriaphyllia* 和盔形珊瑚属 *Galaxea*，其中西沙珊瑚属原属于菌珊瑚科，但基于线粒体基因的系统学研究发现其亲缘关系和真叶珊瑚科珊瑚更为接近，故正式移入真叶珊瑚科（Arrigoni et al., 2023）。

真叶珊瑚科均为群体性珊瑚，珊瑚杯排列方式和生长型多变。盔形珊瑚群体呈皮壳形、亚团块状或分枝状，珊瑚杯排列方式为笙形；真叶珊瑚和纹叶珊瑚群体为团块状和半球形等，珊瑚杯排列方式为笙形或沟回形；西沙珊瑚多为团块状，珊瑚杯多角形排列。除西沙珊瑚以外，本科珊瑚隔片均大而突出，隔片边缘光滑或装饰有细颗粒；轴柱不发育或发育不良；盔形珊瑚水螅体较大，半透明，触手和隔片围成冠状，真叶珊瑚和纹叶珊瑚水螅体的触手末端为球形或锚形。

生于各种珊瑚礁生境，但多见于受庇护的生境。

西沙珊瑚属 *Coeloseris* Vaughan, 1918

单种属，团块状或皮壳状；珊瑚杯多角形排列，分布拥挤，多边形；杯壁清楚，由合隔桁形成；轴柱不发育。

74. 西沙珊瑚 *Coeloseris mayeri* Vaughan, 1918

同物异名 无

生长型 群体为团块状或皮壳状，呈圆形或山丘状。

骨骼微细结构 珊瑚杯多边形或多角形排列，直径约 6 mm；杯壁清楚，通常薄而尖，有时较厚，由合隔桁形成；隔片 3 轮，第一轮和第二轮隔片突出程度相当，第三轮短而不明显，相邻珊瑚杯的隔片相连或稍错开排列；轴柱不发育。

颜色、生境及分布 生活时为黄色、淡绿色或棕色，隔片边缘呈白色。多生于浅水上礁坡和潟湖。广泛分布于印度-太平洋海区。

保护及濒危等级 国家 II 级重点保护野生动物，IUCN-无危。

真叶珊瑚属 *Euphyllia* Dana, 1846

珊瑚杯多呈笙形；水螅体长管状，触手末端球形，多数为雌雄同体，繁殖方式为孵幼型。

75. 联合真叶珊瑚 *Euphyllia cristata* Chevalier, 1971

同物异名 无

生长型 群体通常半球形，直径 12 cm 以下，珊瑚杯排列方式为笙形；分枝通常有 1 ～ 3 个中心。

骨骼微细结构 珊瑚杯直径 2 ～ 3 cm，与分枝间距均匀，为 4 ～ 8 mm；隔片 5 轮，有时轮次不规则或不明显，初级隔片较突出，内缘几乎达杯中心，向外延伸超过杯壁，更高轮次隔片则逐渐变小、变短，隔片边缘细齿状，两侧较光滑，前 3 轮珊瑚肋发育良好，第一轮有明显的齿突或叶突；轴柱不发育。

颜色、生境及分布 生活时多为灰色或绿色，触手圆柱状，末端圆球形且呈灰白色。多生于浅水珊瑚礁区。分布于印度 - 太平洋海区，不常见但是较为明显。

保护及濒危等级 国家 II 级重点保护野生动物，IUCN-易危。

76. 滑真叶珊瑚 *Euphyllia glabrescens* (Chamisso & Eysenhardt, 1821)

同物异名 无

生长型 群体整体呈半球形或团块形，由笙形的大型分枝状珊瑚杯排列而成。

骨骼微细结构 珊瑚杯直径 20 ～ 30 mm，间距 15 ～ 30 mm；杯壁很薄，顶部边缘较尖锐；隔片不突出，前两轮可到达珊瑚杯中心位置，然后垂直伸至杯底；杯中心无轴柱发育。

颜色、生境及分布 生活时水螅体白天伸出，管状的触手为灰绿色或灰蓝色，触手末端呈圆球形，颜色为绿色、奶油色、粉红色或白色。生于各种珊瑚礁生境。广泛分布于印度 - 太平洋海区，不常见但是较显眼。

保护及濒危等级 国家 II 级重点保护野生动物，IUCN-近危。

纹叶珊瑚属 *Fimbriaphyllia* Veron & Pichon, 1980

珊瑚杯为笙形或扇形 - 沟回形排列；水螅体短，触手形态变化较大，肾形、锚形或分叉状，雌雄异体，繁殖方式为排卵型。

77. 肾形纹叶珊瑚 *Fimbriaphyllia ancora* (Veron & Pichon, 1980)

同物异名 *Euphyllia ancora*

生长型 群体最初呈月牙状的扇形，随后不断形成不规则分枝最终呈扇形 - 沟回形群体，可形成不超过 1 m 的圆顶状大型群体。

骨骼微细结构 谷长而连续，直或弯曲；隔片的排列和轮数随着大小和环境变化，通常 3 轮，第一轮尤其突出且到达杯中心，隔片一般较为光滑或有细颗粒。水螅体大，肉质，触手白天也伸出，圆柱状，末端通常不分枝呈肾形、“T”形或锚形。

颜色、生境及分布 生活时触手为灰蓝色、橘黄色或棕色，触手末端呈灰白色或灰绿色。生于各种珊瑚礁生境。分布于印度 - 太平洋海区，不常见。

保护及濒危等级 国家 II 级重点保护野生动物，IUCN-易危。

78. 花散纹叶珊瑚 *Fimbriaphyllia divisa* (Veron & Pichon, 1980)

同物异名 *Euphyllia divisa*

生长型 群体由扇形 - 沟回形排列的珊瑚杯组成，可形成直径达 1 m 的大型群体。

骨骼微细结构 谷宽可达 3 cm；隔片较突出，长短不一，最长几乎到达谷中央位置后垂直下降至杯底；杯壁上边缘尖锐；轴柱通常不发育。

颜色、生境及分布 生活时白天可见触手伸出，触手管状且有小分枝，末端均为球形，颜色为奶油色、棕色或绿色。多生于水体浑浊的珊瑚礁生境。分布于印度 - 太平洋海区，不常见但很显眼。

保护及濒危等级 国家 II 级重点保护野生动物，IUCN- 近危。

盔形珊瑚属 *Galaxea* Oken, 1815

群体块状、皮壳状或分枝状；珊瑚杯圆柱状，直径变化较大，有珊瑚肋；基部为泡状或刺状的非珊瑚肋共骨；隔片突出。

79. 丛生盔形珊瑚 *Galaxea fascicularis* (Linnaeus, 1767)

同物异名 无

生长型 群体生长型多变，常根据生境的不同呈团块状、圆顶状、柱状、皮壳状或板状，在近岸的浑浊生境可形成直径 5 m，高 2 m 的大型群体。

骨骼微细结构 珊瑚杯管状，外形不规则，依据珊瑚杯排列的紧凑程度而变化，常为圆形、椭圆形、长方形等，群体内珊瑚杯大小变化较大，但直径在 10 mm 以下；隔片 4 轮，前两轮非常突出，常发生不规则扭曲，第三轮隔片长约 1/2 杯半径，第四轮隔片发育不全，刺状。

颜色、生境及分布 生活时单色为棕色、绿色或红色，复色为咖啡色加白色。生于各种珊瑚礁生境。广泛分布于印度 - 太平洋海区，很常见。

保护及濒危等级 国家 II 级重点保护野生动物，IUCN-近危。

滨珊瑚科

Poritidae Gary, 1842

滨珊瑚科现包括4个属，即角孔珊瑚属 *Goniopora*、滨珊瑚属 *Porites*、伯孔珊瑚属 *Bernardpora* 和柱孔珊瑚属 *Stylaraea*，均分布于印度 - 太平洋海区，其中柱孔珊瑚为单种属且罕见。

滨珊瑚科均为群体珊瑚，生长型为团块状、皮壳状、板状或分枝状，外形较为结实，一些滨珊瑚可以形成直径数米到 10 m 的大型群体，年龄可达百年到千年。群体无性生殖方式为外触手芽生殖。本科珊瑚的珊瑚杯大小多变，滨珊瑚的珊瑚杯很小，直径 1 ～ 2 mm，骨骼结构特征不明显，微细结构在显微镜下才可清楚辨认；角孔珊瑚的珊瑚杯则相对较大，肉质的水螅体通常白天伸出，有 24 个触手，因而较易辨认。尽管滨珊瑚和角孔珊瑚外表相差很多，但二者的隔片融合方式类似，杯壁多孔，由合隔桁和小梁形成，珊瑚杯之间由少量共骨紧密相连。

滨珊瑚科珊瑚生于各种珊瑚礁生境，由于它们对环境胁迫的耐受性和抗性强，因此更多生于浑浊的水体或受干扰较大的环境。当滨珊瑚在珊瑚群落中占据主导地位时，通常意味着珊瑚礁已受到环境压力，其生态功能也多受到影响。

角孔珊瑚属 *Goniopora* de Blainville, 1830

群体多为棒状、块状或皮壳状；杯壁多孔；隔片多为 3 轮；轴柱一般发育良好；水下可见 24 个触手。

80. 柱形角孔珊瑚 *Goniopora columna* Dana, 1846

同物异名 无

生长型 群体为短柱状，末端圆形，截面呈椭圆形。

骨骼微细结构 珊瑚杯多边形或近圆形，直径 3 ~ 5 mm；杯壁厚约 2 mm，结构多孔疏松；柱状顶部的珊瑚杯隔片长但不规则，轴柱弥散状，而侧面珊瑚杯的隔片短，轴柱大且致密。

颜色、生境及分布 生活时多为棕色、绿色或黄色，水螅体大而长，口盘大而明显，多呈白色。多生于水体浑浊的生境，可形成单种大型群体。广泛分布于印度 - 太平洋海区，较常见。

保护及濒危等级 国家 II 级重点保护野生动物，IUCN-近危。

81. 大角孔珊瑚 *Goniopora djiboutiensis* Vaughan, 1907

同物异名 无

生长型 群体为亚团块状或柱状，边缘通常皮壳状。

骨骼微细结构 珊瑚杯圆形或多边形，直径约 4.5 mm，深 1.5 mm，杯壁厚 1.5 ～ 3 mm；隔片长及排列较为均匀，上有细齿；轴柱明显，圆顶状或分成 6 瓣，每瓣和其对应的 4 个隔片排成三角形，每部分杯壁厚约 2 mm，结构多孔疏松；柱状顶部的珊瑚杯隔片长但不规则，轴柱弥散状，而侧面珊瑚杯的隔片短，轴柱大且致密。

颜色、生境及分布 生活时多为深棕色、浅棕色或绿色，口盘大而明显，多呈白色或蓝色。多生于水体浑浊的生境，可形成单种大型群体。广泛分布于印度 - 太平洋海区，常见。

保护及濒危等级 国家 II 级重点保护野生动物，IUCN-无危。

82. 团块角孔珊瑚 *Goniopora lobata* Milne Edwards, 1860

同物异名 无

生长型 群体在浅水水动力强劲的环境中通常为团块形，有时形成粗短的柱形，柱状末梢多呈半球状。

骨骼微细结构 珊瑚杯近圆形或多边形，直径多为 3 mm，最大可达 5 mm，杯壁厚 1 ～ 3 mm；隔片 3 轮，第一轮可到达杯中心，相邻隔片通常不相连，其间有一条细缝，无围栅瓣发育；轴柱很小，仅有少数几个扭曲的小梁形成。

颜色、生境及分布 生活时多为棕色、黄色或绿色，通常口盘和触手末梢颜色明显不同。多生于礁坡和潟湖。广泛分布于印度 - 太平洋海区，较常见。

保护及濒危等级 国家 II 级重点保护野生动物，IUCN-近危。

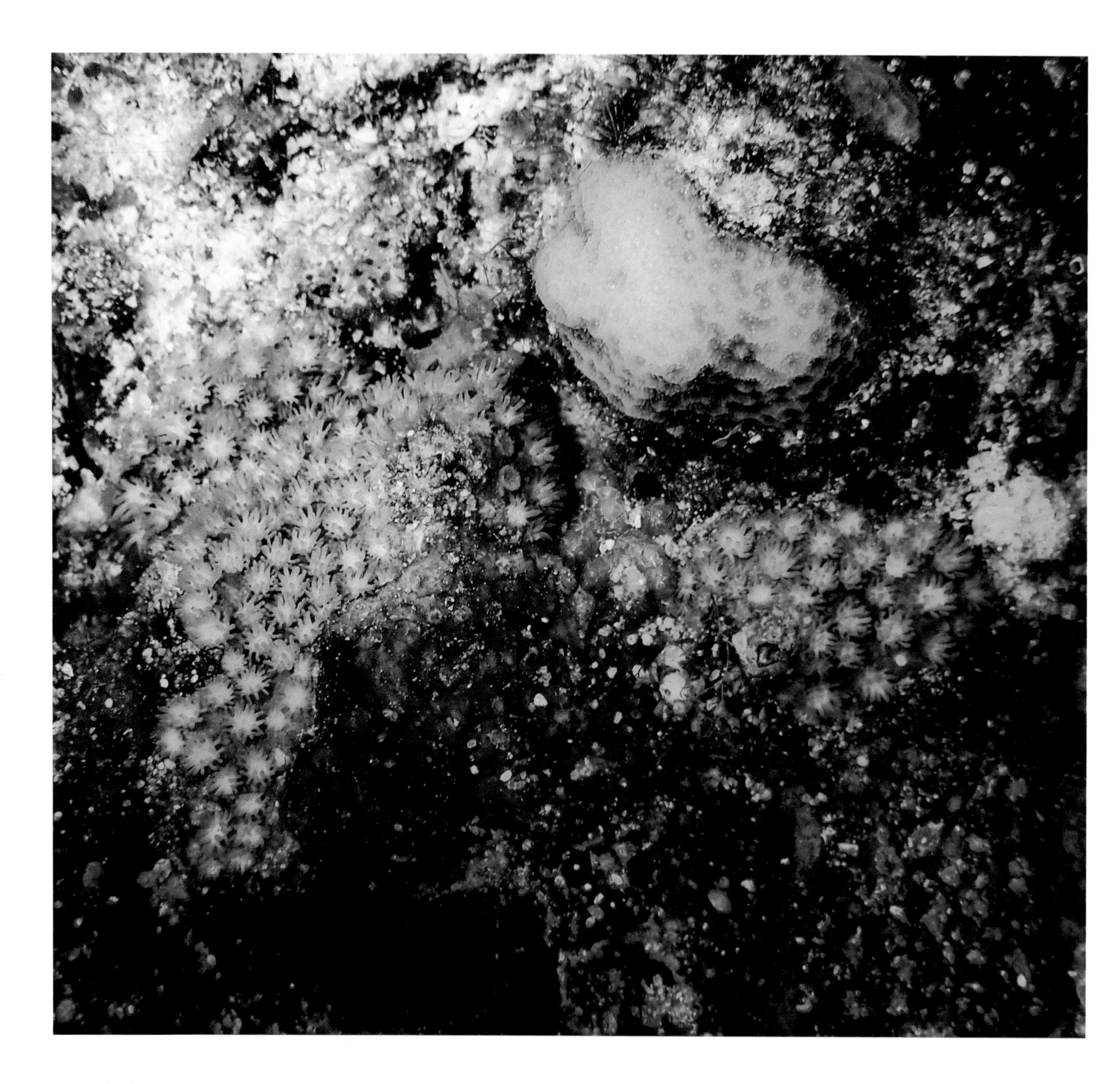

83. 小角孔珊瑚 *Goniopora minor* Crossland, 1952

同物异名 无

生长型 群体为皮壳状到团块状，多呈球形或半球形。

骨骼微细结构 珊瑚杯圆形，直径约 3 mm，杯壁厚；隔片 3 轮，前两轮基本等大，内缘加厚形成 6 个围栅瓣，通常互相接触围成冠状，第三轮发育不全，仅呈刺状，隔片边缘和侧面布满细颗粒；轴柱不明显。

颜色、生境及分布 生活时多为棕色或绿色，通常口盘颜色明显不同，为白色或淡紫色，触手末梢颜色较浅。多生于潮下带珊瑚礁区或潟湖。广泛分布于印度 - 太平洋海区，不常见。

保护及濒危等级 国家 II 级重点保护野生动物，IUCN-近危。

84. 诺福克角孔珊瑚 *Goniopora norfolkensis* Veron & Pichon, 1982

同物异名 无

生长型 群体为亚团块状、团块状，通常半球形。

骨骼微细结构 珊瑚杯近圆形，直径 2 ～ 3 mm，杯壁薄；隔片内缘陡降至杯底，长短较为规整，轮次排列不明显，不形成围栅瓣；轴柱很小或无；水螅体白天伸出，分布极为致密，触手细长。

颜色、生境及分布 生活时多为深棕色或棕灰色，口盘和触手末端多呈白色。多生于浑浊的浅水珊瑚礁生境。分布于印度 - 太平洋海区，不常见。

保护及濒危等级 国家 II 级重点保护野生动物，IUCN- 无危。

滨珊瑚属 *Porites* Link, 1807

群体块状、分枝状、皮壳状或板状；珊瑚杯小，直径平均 1 mm；隔片按 Bernard 方式排列，1 个背直接隔片（dorsal directive septum）和 1 个腹直接隔片（ventral directive septum），为三联式（triplet）或边缘游离（free margins），4 对侧隔片（lateral pair septum）。

85. 疣滨珊瑚 *Porites annae* Crossland, 1952

同物异名　无

生长型　群体为皮壳状或板状基底加柱状分枝或瘤突状分枝，分枝常不规则地发生交连融合，长小于 20 cm。

骨骼微细结构　珊瑚杯直径 1.1 ～ 1.5 mm，珊瑚杯浅因而分枝表面显得光滑；隔片内缘共有 8 个围栅瓣，其中背直接隔片和 4 对侧隔片的围栅瓣较大，而腹直接隔片边缘游离，每个腹直接隔片均有 1 个小的围栅瓣；轴柱小或不发育。

颜色、生境及分布　生活时多为浅绿色或棕色。通常生于礁坡。广泛分布于印度 - 太平洋海区，较常见。

保护及濒危等级　国家 II 级重点保护野生动物，IUCN-近危。

86. 澳洲滨珊瑚 *Porites australiensis* Vaughan, 1918

同物异名　无

生长型　群体为团块状、半球形或头盔状，可形成大型群体，表面通常光滑，但有时也形成隆起或小瘤，大型群体的高度和直径可达数米，基部边缘形成分叶。

骨骼微细结构　珊瑚杯多边形，直径 1.1 ～ 1.5 mm；杯壁厚，上有排小齿；隔片长短不一，隔片内缘共有 8 个发育不良的小围栅瓣，背直接隔片和侧隔片的围栅瓣高而大，3 个腹直接隔片边缘游离，各有 1 个低而小的围栅瓣；轴柱大而明显，不和围栅瓣相连。

颜色、生境及分布　生活时常为棕色或奶油色，珊瑚虫亮色。多生于潟湖、礁后区和岸礁。广泛分布于印度 - 太平洋海区，较常见。

保护及濒危等级　国家 II 级重点保护野生动物，IUCN-无危。

87. 细柱滨珊瑚 *Porites cylindrica* Dana, 1846

同物异名 扁枝滨珊瑚 *Porites andrewsi*

生长型 群体为分枝状，有时具皮壳状或团块状的基部，可形成直径约 10 m 的大群体；分枝松散开阔或紧凑灌丛状，长通常小于 30 cm，基部直径小于 4 cm；分枝柱状，末端或钝圆或扁平或锥状。

骨骼微细结构 珊瑚杯多边形或亚圆形，直径约 1.5 mm，杯浅，因此分枝表面很光滑；隔片内缘共有 7 个围栅瓣，背直接隔片有 1 个围栅瓣，4 对侧隔片上各有 1 个围栅瓣，腹直接隔片三联式，两侧腹隔片各有 1 个围栅瓣；轴柱明显且和围栅瓣等高。

颜色、生境及分布 生活时颜色多变，常见有黄色、棕色和绿色等。生于各种珊瑚礁生境，尤其是潟湖或礁后区边缘。广泛分布于印度 - 太平洋海区。

保护及濒危等级 国家 II 级重点保护野生动物，IUCN- 近危。

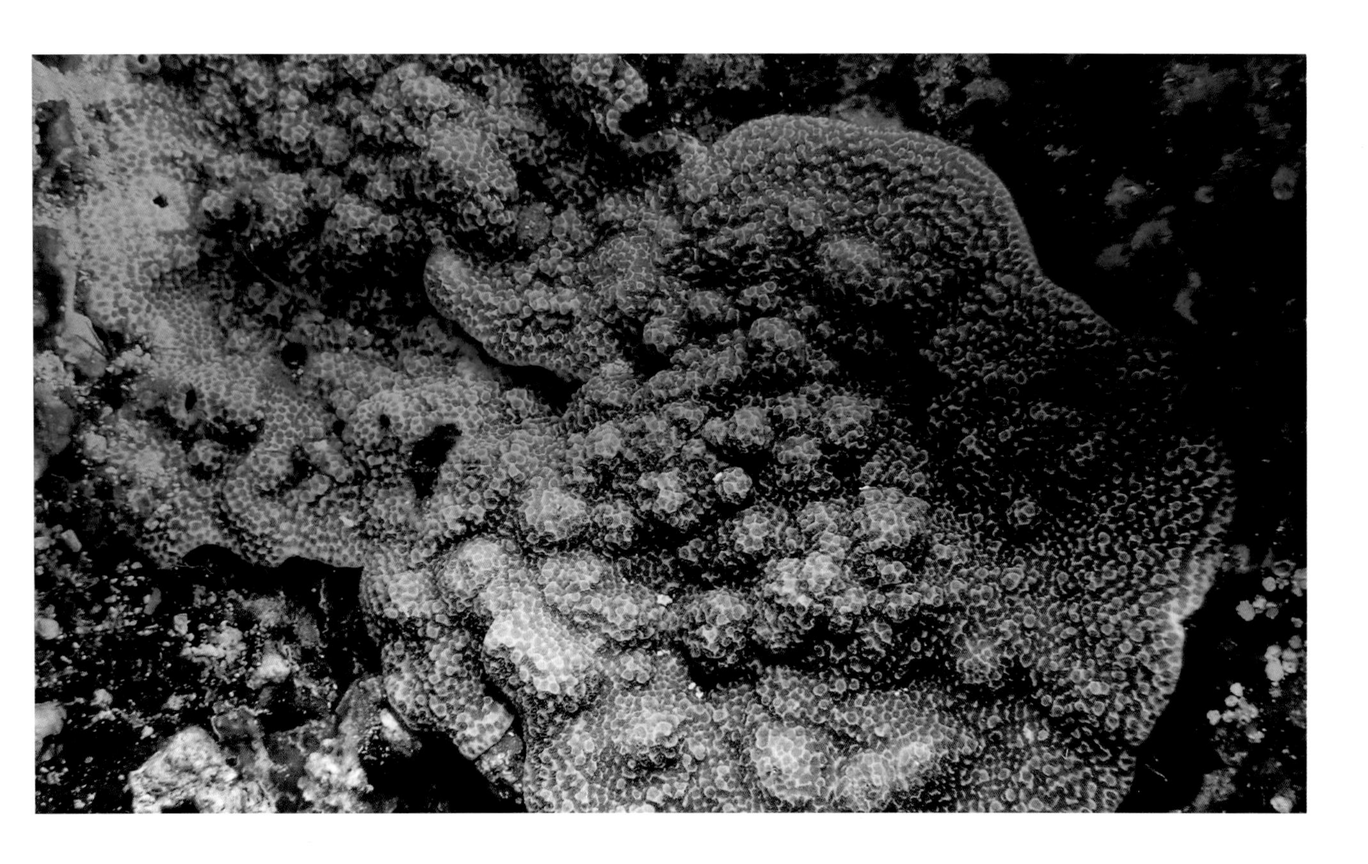

88. 地衣滨珊瑚 *Porites lichen* (Dana, 1846)

同物异名 无

生长型 群体生长型多变，可以是皮壳状、扁平的薄片状或板状，或者为表面有结节瘤突或分枝的亚团块形。

骨骼微细结构 珊瑚杯直径 0.9 ～ 1.4 mm，常按行排列但不规则，珊瑚杯之间仅由薄而矮的杯壁相隔；在临近杯壁位置每个隔片有 1 个齿突，内缘通常共有 6 个围栅瓣，腹直接隔片边缘游离，内缘仅有 1 个小的围栅瓣；轴柱小或不发育，但中心位置常伸出数个不规则的桡骨突。

颜色、生境及分布 生活时多为明亮的黄绿色或棕色。多生于礁坡和潟湖。广泛分布于印度 - 太平洋海区。

保护及濒危等级 国家 II 级重点保护野生动物，IUCN-无危。

89. 团块滨珊瑚 *Porites lobata* Dana, 1846

同物异名 无

生长型 群体为团块形、半球形或头盔状，表面通常光滑，但有时也形成丘状或柱状的突起，大型群体的高度和直径可达数米，基部边缘形成分叶，在潮间带可形成微环礁结构。

骨骼微细结构 珊瑚杯多边形，直径 1.5 mm，每个隔片上边缘有 2 个小齿；隔片内缘共有 8 个发育不良的小围栅瓣，3 个腹直接隔片边缘游离，各有 1 个围栅瓣；轴柱发育良好，有 5 个桡骨突和围栅瓣相连。

颜色、生境及分布 生活时常为棕黄色、奶油色、蓝色、亮紫色或绿色，浅水生境时颜色较为鲜亮。多生于潟湖、礁后区和岸礁。广泛分布于印度 - 太平洋海区。

保护及濒危等级 国家 II 级重点保护野生动物，IUCN- 近危。

90. 澄黄滨珊瑚 *Porites lutea* Milne Edwards & Haime, 1851

同物异名 无

生长型 群体为坚实的团块形、半球形或钟形，表面常有不规则的块状突起，常会形成直径数米的大群体，其边缘基部位置可形成多个突出的厚分叶，表面常有大旋鳃虫和蛤螺等凿孔生物栖息，在潮间带可形成微环礁结构。

骨骼微细结构 珊瑚杯浅，多边形，直径 1.0 ～ 1.5 mm，杯壁薄；共有 5 个高的围栅瓣，背直接隔片短且不形成围栅瓣，侧隔片边缘的围栅瓣最大，腹直接隔片三联式，仅有 1 个围栅瓣；轴柱发育良好，有 5 个桡骨突和围栅瓣相连。

颜色、生境及分布 生活常为棕黄色或奶油色，浅水生境时颜色较为鲜亮。生于各种珊瑚礁生境，如潟湖、礁后区和岸礁。广泛分布于印度 - 太平洋海区。

保护及濒危等级 国家 II 级重点保护野生动物，IUCN- 无危。

91. 巨锥滨珊瑚 *Porites monticulosa* Dana, 1846

同物异名 无

生长型 群体生长型多变，可以是团块状、皮壳状、板状、分枝状或皮壳状，通常是混合生长型，群体直径通常不超过 1 m。

骨骼微细结构 珊瑚杯小，直径 0.5 ～ 0.7 mm，杯壁较厚，且常形成突起，珊瑚杯通常被杯壁突起隔开而成组分布；每个隔片在临近杯壁位置有 1 个齿突，内缘通常共有 6 个围栅瓣，腹直接隔片三联式，内缘仅有 1 个小的围栅瓣；轴柱小。

颜色、生境及分布 生活时多为棕色或蓝色。多生于浅水珊瑚礁生境。广泛分布于印度 - 太平洋海区，有时常见。

保护及濒危等级 国家 II 级重点保护野生动物，IUCN- 无危。

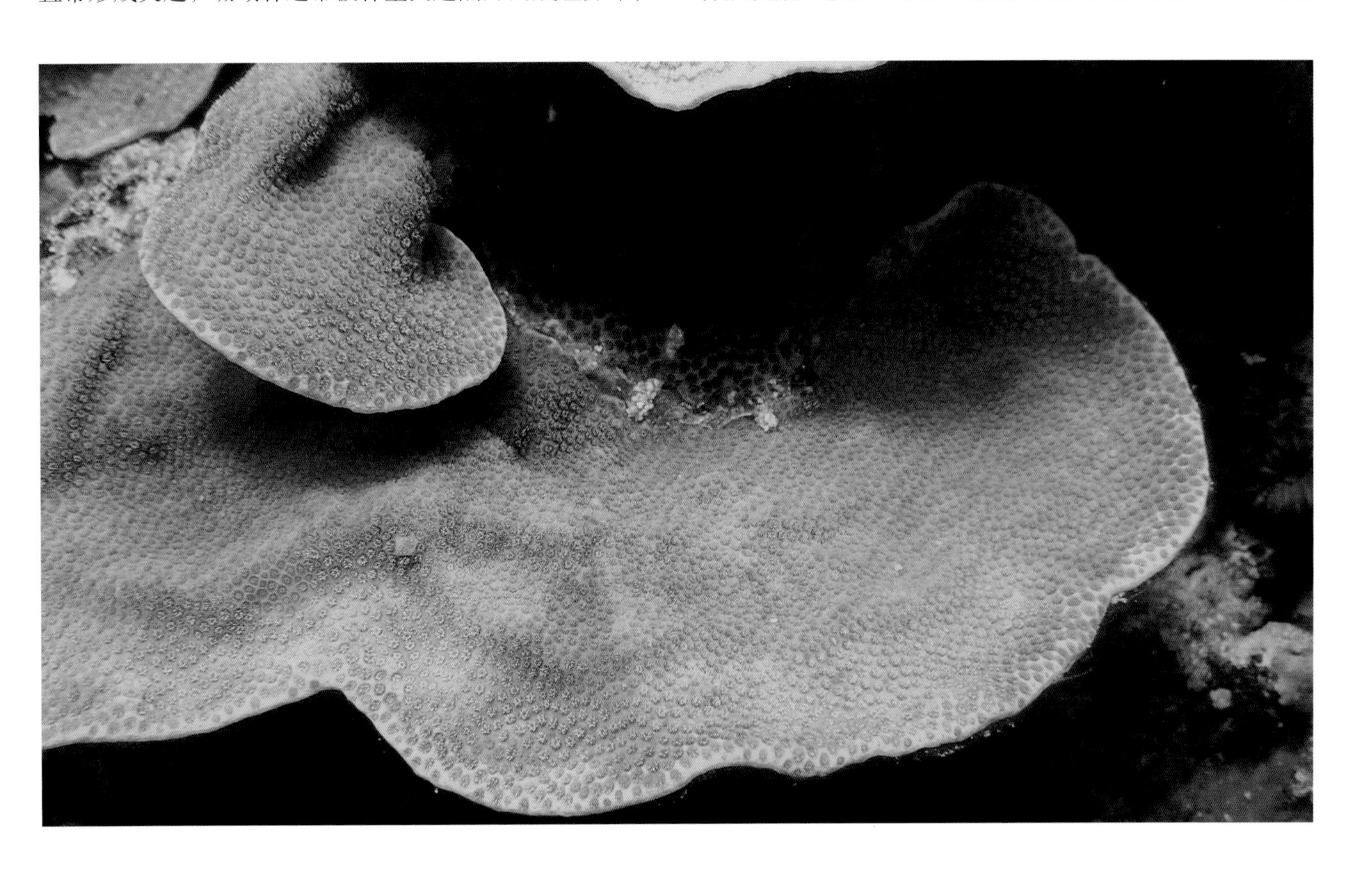

92. 莫氏滨珊瑚 *Porites murrayensis* Vaughan, 1918

同物异名 无

生长型 群体为团块状、球状或半球状，直径最大可达 50 cm。

骨骼微细结构 珊瑚杯多角形排列，均匀分布，直径 0.8 ～ 1.0 mm；杯壁厚度不一，从较薄到约 1/2 直径；隔片薄而短，仅为 1/2 内半径，因此珊瑚杯中心部位深窝状；隔片内缘共有 4 个围栅瓣，背隔片和腹直接隔片通常无围栅瓣发育，侧隔片稍长于背隔片和腹直接隔片，腹隔片边缘游离；轴柱小或不发育。

颜色、生境及分布 生活时多为棕色或奶油色，浅水生境多为亮色。多生于海水清澈的浅水礁坪。广泛分布于印度 - 太平洋海区。

保护及濒危等级 国家 II 级重点保护野生动物，IUCN- 近危。

93. 灰黑滨珊瑚 *Porites nigrescens* Dana, 1846

同物异名 无

生长型 群体为分枝状，有时有皮壳状或扁平基部；分枝基部直径小于 2.5 cm，长直锥形或弯曲交连，末端多以锐角分出多个小枝，分枝柱状或稍侧扁，间距较为紧凑。

骨骼微细结构 珊瑚杯多角形排列，直径约 1.5 mm，珊瑚杯浅窝状，杯壁有结节状的尖突；隔片厚且长，每个隔片上边缘有 2 个小齿，隔片内缘共有 5 个大而明显的围栅瓣，背直接隔片无围栅瓣，4 对侧隔片上各有 1 个围栅瓣，腹直接隔片三联式，末端有 1 个围栅瓣。

颜色、生境及分布 生活时多为灰色或淡棕色。常见于受庇护的浅水珊瑚礁生境。分布于印度 - 太平洋海区，不常见。

保护及濒危等级 国家 II 级重点保护野生动物，IUCN-易危。

94. 火焰滨珊瑚 *Porites rus* (Forskål, 1775)

同物异名 无

生长型 群体生长型多变，有皮壳状、水平板状、分枝状或不规则团块状、亚团块状，多数为混合生长型，常见为板叶状基底加柱状融合分枝，可形成直径超过 5 m 的大群体。

骨骼微细结构 珊瑚杯小，直径小于 0.7 mm，由脊塍隔开并成组排列，脊塍的颜色通常较浅，分枝顶部的脊塍互相汇集，呈火焰状排列，在水下尤为明显，因此而得名；隔片长，每个隔片上边缘通常有 1 个小齿，共有 6 个围栅瓣，腹直接隔片融合三联式；轴柱不发育或不明显。

颜色、生境及分布 生活时为紫色、蓝棕色、棕色或奶油色，分枝顶端颜色较浅。多生于浅水珊瑚礁区，可形成优势种。广泛分布于印度 - 太平洋海区。

保护及濒危等级 国家 II 级重点保护野生动物，IUCN- 无危。

95. 结节滨珊瑚 *Porites tuberculosus* Veron, 2000

同物异名 *Porites tuberculosa*

生长型 群体为分枝状，有时有皮壳基部；分枝粗短，基部直径约 1 cm，垂直或匍匐，常发生融合，分枝末端截平呈方形。

骨骼微细结构 珊瑚杯深度中等，圆形，直径约 2 mm，共骨部位有弯曲的结节状突起，分枝表面显得粗糙不平，珊瑚杯位于突起之间，单个分布或连成短谷；隔片内缘共有 5 个或 8 个围栅瓣，背直接隔片有 1 个围栅瓣，4 对侧隔片上各有 1 个围栅瓣，腹直接隔片边缘游离，上有 1～3 个围栅瓣；轴柱明显。

颜色、生境及分布 生活时多为灰色或绿色。多生于受庇护的珊瑚礁生境，如下礁坡和潟湖等。分布于印度 - 太平洋海区，有时常见。

保护及濒危等级 国家 II 级重点保护野生动物，IUCN- 易危。

星群珊瑚科

Astrocoeniidae Koby, 1889

星群珊瑚科有非六珊瑚属 *Madracis*、帛星珊瑚属 *Palauastrea*、柱群珊瑚属 *Stylocoeniella* 和 *Stephanocoenia*，其中柱群珊瑚属最为原始。帛星珊瑚属和 *Stephanocoenia* 均为单种属且群体为分枝状，*Stephanocoenia* 和非六珊瑚属的一些种类仅分布于加勒比海区，其他种类广泛分布于印度 - 太平洋海区。

星群珊瑚科珊瑚生长型有皮壳状、块状或分枝状，虽然 4 个属之间的骨骼特征差异很大，但它们共同特点为隔片坚固，排列整齐，轴柱杆状，除非六珊瑚属的一些种类不含虫黄藻外，其余均为与虫黄藻共生的造礁类群。

柱群珊瑚属 *Stylocoeniella* Yabe & Sugiyama, 1935

群体多为皮壳状或团块状；共骨上布满细齿；珊瑚杯旁边常可见 1 个杆状刺突。

96. 罩柱群珊瑚 *Stylocoeniella guentheri* (Bassett-Smith, 1890)

同物异名 无

生长型 群体为皮壳状或团块状，上有圆丘状或短柱状的垂直突起，呈瘤突状。

骨骼微细结构 珊瑚杯浅孔状，直径 0.8 mm，间距较大；共骨上珊瑚杯旁边生有杆状刺花，虽小但明显；隔片两轮，大小相差很大，第一轮隔片明显，长可达轴柱，第二轮发育不良，刺状或无；轴柱杆状，小但明显。

颜色、生境及分布 生活时多为浅棕色到绿棕色。多生于隐蔽的珊瑚礁生境。广泛分布于印度 - 太平洋海区。

保护及濒危等级 国家 II 级重点保护野生动物，IUCN- 无危。

筛珊瑚科

Coscinaraeidae Benzoni, Arrigoni, Stefani & Stolarski, 2012

筛珊瑚科仅有筛珊瑚属 *Coscinaraea*，群体珊瑚，珊瑚杯多角形或融合形排列，单口道或多口道中心。

筛珊瑚属 *Coscinaraea* Milne Edwards & Haime, 1848

群体多为团块状、柱状、皮壳状或板状；珊瑚杯通常不规则散布或以短谷形式排列；隔片 - 珊瑚肋边缘锯齿状或布满细颗粒；杯壁不甚明显，由几圈合隔桁形成低的脊塍。

97. 柱形筛珊瑚 *Coscinaraea columna* (Dana, 1846)

同物异名 无

生长型 群体为皮壳状、叶状到团块状或柱状，形态常随附着基底而变化。

骨骼微细结构 珊瑚杯直径 1.5 ~ 6 mm，多数为 3 ~ 4 mm，常单独分布或排成谷，谷中最多有 12 个珊瑚杯，长可达 5 cm；脊塍的高度不一，最高达 4 mm，末端钝圆或稍尖；隔片一般有 12 ~ 15 个延伸至杯中心，隔片薄且多孔，边缘有多刺的颗粒，两侧也有颗粒；轴柱较深，突出部明显，由几个向上的乳突状小梁组成。

颜色、生境及分布 生活时为黄绿色、灰色、棕色或淡黄色。多生于浅水珊瑚礁区，尤其是受庇护的生境。广泛分布于印度 - 太平洋海区。

保护及濒危等级 国家 II 级重点保护野生动物，IUCN-无危。

双星珊瑚科

Diploastreidae Chevalier & Beauvais, 1987

双星珊瑚科仅有 1 种珊瑚，即同双星珊瑚，是水下最容易辨识的珊瑚之一，是形态变化最小的团块状珊瑚；杯壁绝大多数为隔片鞘，另有部分为合隔桁鞘；隔片边缘的齿特别细小。

双星珊瑚属 *Diploastrea* Matthai, 1914

单种属，皮壳块状，由外触手芽生殖形成的大型融合群体；珊瑚杯低矮锥形，轮廓呈较规则的多边形；隔片等大，边缘有齿；轴柱发育良好。

98. 同双星珊瑚 *Diploastrea heliopora* (Lamarck, 1816)

同物异名　无

生长型　群体为皮壳块状、圆顶形或扁平状，表面平整无突起，可形成大群体，最高可达 2 m，直径可达 5 m。

骨骼微细结构　珊瑚杯融合形排列，低矮的圆锥形，大小和形状较为规则，排列紧凑，杯壁厚，开口小；隔片等大，排列整齐规则，隔片在杯壁位置较厚，向轴柱方向逐渐变细，隔片边缘有细齿；轴柱发育良好，较大，由扁平小梁形成，出芽方式为外触手芽。

颜色、生境及分布　生活时为均一的奶油色或灰色，有时为绿色。生于多种珊瑚礁生境，大型群体多生于受庇护的生境。广泛分布于印度 - 太平洋海区。

保护及濒危等级　国家 II 级重点保护野生动物，IUCN- 近危。

石芝珊瑚科

Fungiidae Dana, 1846

石芝珊瑚科现共包括16个属，分别是*Cantharellus*、梳石芝珊瑚属*Ctenactis*、圆饼珊瑚属*Cycloseris*、刺石芝珊瑚属*Danafungia*、石芝珊瑚属*Fungia*、帽状珊瑚属*Halomitra*、辐石芝珊瑚属*Heliofungia*、绕石珊瑚属*Herpolitha*、石叶珊瑚属*Lithophyllon*、叶芝珊瑚属*Lobactis*、侧石芝珊瑚属*Pleuractis*、多叶珊瑚属*Polyphyllia*、足柄珊瑚属*Podabacia*、履形珊瑚属*Sandalolitha*、*Sinuorota*和*Zoopilus*。

石芝珊瑚科珊瑚营单体或群体生活，水螅体通常较大，一些单体种类直径可达50 cm，营自由生活或固着生活，一些石芝珊瑚在幼体阶段常固着于基底之上，成体后脱离基底营自由生活，包括所有的单体珊瑚和一些群体珊瑚，如梳石芝珊瑚属、绕石珊瑚属、多叶珊瑚、履形珊瑚属的珊瑚，而其他的群体珊瑚，如石叶珊瑚属和足柄珊瑚属的珊瑚则终生固着生活。

梳石芝珊瑚属 *Ctenactis* Verrill, 1864

骨骼长履形或长椭圆形，沿中线形成中轴沟；单口道或多口道。

99. 刺梳石芝珊瑚 *Ctenactis echinata* (Pallas, 1766)

同物异名　无

生长型　珊瑚骨骼为厚实的长履形，且呈拱形，两端圆而稍扁平，长宽比约为2.5，中间部位有“腰”；中央窝较长，最长可达两端，成体通常只有1个口。

骨骼微细结构　主要隔片明显突出，上有三角形的隔片齿，隔片齿上有颗粒状石灰质簇，主要隔片之间通常有1～5个低矮的次级隔片，次级隔片边缘光滑或有不明显的细齿；背面珊瑚肋单枝状，上有密集小刺；中央窝两侧的隔片有时发生融合，似有多个口而呈准群体状，中央窝底部有瘦小的小梁形成轴柱。

颜色、生境及分布　生活时多为棕色。多生于礁坡和潟湖。广泛分布于印度 - 太平洋海区。

保护及濒危等级　国家II级重点保护野生动物，IUCN-无危。

圆饼珊瑚属 *Cycloseris* Milne Edwards & Haime, 1849

圆饼珊瑚属形态变化较大，单体或群体，营自由生活或固着生活；骨骼圆形或皮壳表覆形；隔片厚度不一，通常交替排列，主要隔片厚而突出。

100. 圆饼珊瑚 *Cycloseris cyclolites* (Lamarck, 1815)

同物异名 无

生长型 珊瑚骨骼圆形或卵圆形，单体，直径达 9 cm，中央部位常拱起，中央沟延长。

骨骼微细结构 隔片密集，直或略弯曲，前两轮隔片高而明显，在口的位置加厚突出，隔片边缘有小而尖的细齿，隔片侧面为细颗粒；背面略凹入，珊瑚肋薄，分布均匀，珊瑚肋边缘有细颗粒或细齿。

颜色、生境及分布 生活时为淡褐色、深褐色或绿色，边缘位置及主要隔片通常呈白色。多生于礁坡或珊瑚礁中的软质沙地。广泛分布于印度 - 太平洋海区，较常见。

保护及濒危等级 国家 II 级重点保护野生动物，IUCN-无危。

刺石芝珊瑚属 *Danafungia* Wells, 1966

隔片和珊瑚肋大小、高低相间排列，隔片边缘的齿多呈三角形或刺状，齿细而不明显或大而粗糙，低轮次珊瑚肋上的刺突更大、更密。

101. 多刺石芝珊瑚 *Danafungia horrida* (Dana, 1846)

同物异名 圆结石芝珊瑚 *Fungia* (*Danafungia*) *danai*、*Fungia* (*Danafungia*) *horrida*、*Fungia* (*Danafungia*) *klunzingeri*

生长型 珊瑚骨骼圆形，直径达 20 cm，扁平或在中部拱起。

骨骼微细结构 隔片大小参差不齐，边缘有三角形或柱形的齿，隔片齿大而不规则；触手耳垂（tentacular lobe）有时发育，但不明显；背面珊瑚肋间距大，大珊瑚肋边缘有简单的细齿，珊瑚肋之间有凹坑。

颜色、生境及分布 生活时为棕色，有时有辐射状的条纹，触手耳垂为白色。多生于礁坡和潟湖。广泛分布于印度-太平洋海区，在红海和印度洋西部常见。

保护及濒危等级 国家 II 级重点保护野生动物，IUCN-无危。

石芝珊瑚属 *Fungia* Lamarck, 1801

单体珊瑚，营自由生活；隔片边缘布满精细到粗糙的尖齿；珊瑚肋齿多为长而尖的圆锥形。

102. 石芝珊瑚 *Fungia fungites* (Linnaeus, 1758)

同物异名 *Fungia* (*Fungia*) *fungites*

生长型 珊瑚骨骼圆形到卵圆形，扁平或稍弓形，直径可达 28 cm；中央窝短而深，底部有交错的小颗粒或条状的小梁；正面凸，背面凹，除附着柄痕迹之外，还有缝隙布满整个背面。

骨骼微细结构 隔片数目多，排列紧密，齿小而尖，三角形，且有发育良好的中肋；珊瑚肋为长的尖锥状，光滑。

颜色、生境及分布 生活时为白色或杂色。多生于礁坡和潟湖。广泛分布于印度 - 太平洋海区，较常见。

保护及濒危等级 国家 II 级重点保护野生动物，IUCN- 近危。

绕石珊瑚属 *Herpolitha* Eschscholtz, 1825

群体珊瑚，营自由生活，上凸下凹，沿中轴形成一系列口道，可延伸至两端，形状多变，呈“Y”形、“V”形或“X”形。

103. 绕石珊瑚 *Herpolitha limax* (Esper, 1797)

同物异名 无

生长型 群体珊瑚，整体长梭形，末端圆形或尖弧形，营自由生活，形态多样，呈“Y”形、“X”形、“V”形或宽头履形，长宽比在 1.5 ～ 6；群体中央有 1 条线形口道中央沟，有时分叉状，此外还有与中央沟大致平行的次级口道中心。

骨骼微细结构 多口道中心；隔片排列不规则，边缘有小而规则的三角齿；轴柱由松散小梁组成，多发育不全；背面边缘多孔且布满刺突或瘤突。

颜色、生境及分布 生活时为浅棕、深棕色到棕绿色。多生于礁坡和潟湖，伴生于石芝珊瑚周围。广泛分布于印度 - 太平洋海区。

保护及濒危等级 国家 II 级重点保护野生动物，IUCN- 无危。

石叶珊瑚属 *Lithophyllon* Rehberg, 1892

单体珊瑚自由生活或群体珊瑚固着生活；隔片齿中等大小，呈稀疏的锯齿状；珊瑚肋为简单的颗粒状突起或极其复杂的分叉状突起。

104. 弯石叶珊瑚 *Lithophyllon repanda* (Dana, 1846)

同物异名　弯石芝珊瑚 *Fungia* (*Verrilofungia*) *repanda*

生长型　珊瑚骨骼圆而大，直径达 30 cm，厚而扁平或略呈拱形。

骨骼微细结构　隔片几乎等高，隔片齿细而清晰，低轮次隔片在中央窝位置相对较突出，边缘有三角形细齿；珊瑚肋多，大小不等但按照轮次规律循环排列，其上有不规则棘突，大珊瑚肋上为分叉状的大棘突，小珊瑚肋低矮棘突也小，珊瑚肋之间有深坑。

颜色、生境及分布　生活时为棕色，白天可见触手伸出，触手多呈白色。多生于礁坡和潟湖。广泛分布于印度 - 太平洋海区，较常见。

保护及濒危等级　国家 II 级重点保护野生动物，IUCN- 无危。

叶芝珊瑚属 *Lobactis* Verrill, 1864

单体珊瑚，营自由生活，延长的卵圆形；低轮次隔片较为粗大坚固，隔片齿很细；珊瑚肋齿长，表面布满很小的尖齿因而显得粗糙。

105. 楯形叶芝珊瑚 *Lobactis scutaria* (Lamarck, 1801)

同物异名 *Fungia* (*Lobactis*) *scutaria*

生长型 珊瑚骨骼为厚实的卵圆形或不规则形状，直径达17 cm。

骨骼微细结构 隔片大致4轮，只有第一轮和中央窝相连，高轮次隔片起始位置离中央窝远；隔片多，波浪形，隔片上每隔一定距离即有膨大且高出其他隔片的加厚耳垂，耳垂三角形、方形或椭圆形，在耳垂以外隔片边缘呈细锯齿状；珊瑚肋多而明显，上有形状差异较大的小刺。

颜色、生境及分布 生活时为棕色、黄色或杂色，耳垂多为白色。多生于上礁坡风浪强劲处。广泛分布于印度 - 太平洋海区。

保护及濒危等级 国家II级重点保护野生动物，IUCN- 无危。

侧石芝珊瑚属 *Pleuractis* Verrill, 1864

单体珊瑚，营自由生活，圆盘状或长椭圆形，中央稍隆起；隔片数目多，排列致密，低轮次厚且明显；珊瑚肋大小排列均匀，其上的齿多钝圆而侧扁，且有细颗粒突起。

106. 颗粒侧石芝珊瑚 *Pleuractis granulosa* (Klunzinger, 1879)

同物异名 *Fungia* (*Wellsofungia*) *granulosa*

生长型 珊瑚骨骼圆盘状，直径可达 13.5 cm，中央部分扁平或形成拱起，中央沟狭且长。

骨骼微细结构 隔片数目多，厚且呈波纹状，边缘部分有细小的不规则钝颗粒或角状齿；触手耳垂较长；珊瑚肋细而不明显，通常仅有低轮次相对明显，其间有浅孔，此外背面还有小乳突或棘刺排列成的珊瑚肋状结构。

颜色、生境及分布 生活时多为棕色。多生于礁斜坡和潟湖。广泛分布于印度 - 太平洋海区，通常不常见。

保护及濒危等级 国家 II 级重点保护野生动物，IUCN- 无危。

107. 沉重侧石芝珊瑚 *Pleuractis gravis* (Nemenzo, 1955)

同物异名 *Fungia* (*Pleuractis*) *gravis*

生长型 珊瑚骨骼厚实，卵圆形或长椭圆形，长可达 20 cm，边缘位置形状不规则，中央部分形成拱起，且有中央沟。

骨骼微细结构 隔片数目多，排列致密，多数隔片从口沟一直延伸至边缘位置，低伦次隔片相对较厚；隔片边缘的齿小而钝，上有不规则的颗粒，隔片两侧也有不规则的颗粒；触手耳垂有时存在，珊瑚肋大小排列均匀，其上的齿突钝而侧扁。

颜色、生境及分布 生活时多为深棕色或红色。生于多种珊瑚礁生境。分布于印度 - 太平洋海区，不常见。

保护及濒危等级 国家 II 级重点保护野生动物，IUCN-未评估。

108. 波莫特侧石芝珊瑚 *Pleuractis paumotensis* (Stutchbury, 1833)

同物异名 波莫特石芝珊瑚 *Fungia* (*Pleuractis*) *paumotensis*

生长型 珊瑚骨骼长椭圆形，直径可达 25 cm，整体较为厚重，中部有一条狭长的中央沟，有时可形成外周中心。

骨骼微细结构 主要隔片从中央窝伸出到达边缘，主要隔片与次要隔片相间排列，隔片稍弯曲，边缘处的隔片高低参差不齐，无触手耳垂，隔片两侧有细颗粒；背面附着柄在成体中基本不可见，珊瑚肋细密且直，大小和间距基本相等。

颜色、生境及分布 生活时为棕色。多生于礁坡和潟湖。广泛分布于印度 - 太平洋海区。

保护及濒危等级 国家 II 级重点保护野生动物，IUCN-无危。

多叶珊瑚属 *Polyphyllia* Blainville, 1830

骨骼椭圆形或长梭形，上凸下凹，多口道；珊瑚肋小而稀疏，刺花小而少。

109. 多叶珊瑚 *Polyphyllia talpina* (Lamarck, 1801)

同物异名 无

生长型 群体珊瑚，骨骼长梭形、弓形或草鞋形，有时分叉。

骨骼微细结构 珊瑚杯在中间部分排成一条弯曲的纵轴线，多口道，上表面凸，下表面凹，上有孔，珊瑚肋小而稀疏，刺花小而不多，珊瑚杯无壁；相邻珊瑚杯由隔片-珊瑚肋相连，主要隔片-珊瑚肋膨大加厚，次要隔片-珊瑚肋薄，二者相间排列，隔片-珊瑚肋两侧有明显的粗颗粒；轴柱发育不全或仅由短棒状小梁组成。

颜色、生境及分布 生活时为深褐色或淡褐色，触手长而多，尖端有白色小点，白天伸出。多生于礁坡和潟湖。广泛分布于印度-太平洋海区。

保护及濒危等级 国家II级重点保护野生动物，IUCN-无危。

履形珊瑚属 *Sandalolitha* Milne Edwards & Haime, 1849

群体珊瑚，营自由生活；无中轴沟；隔片和珊瑚肋大小不等，排列紧密，为不规则的粗糙锯齿。

110. 锯齿履形珊瑚 *Sandalolitha dentata* Quelch, 1884

同物异名 无

生长型 群体珊瑚，营自由生活，骨骼通常扁平但形状不规则。

骨骼微细结构 珊瑚杯卵圆形，无明显的杯壁结构，珊瑚杯分布多集中在中间部位，小个体可见中央沟；隔片的高度差异很大，第一轮隔片加厚，隔片上的齿突十分明显，形状、大小和尖锐程度变化很大。

颜色、生境及分布 生活时为绿色、棕色或杂色，珊瑚杯位置多呈白色。生于受庇护的深水珊瑚礁生境。分布于印度 - 太平洋海区，通常不常见。

保护及濒危等级 国家 II 级重点保护野生动物，IUCN-无危。

111. 健壮履形珊瑚 *Sandalolitha robusta* (Quelch, 1886)

同物异名 无

生长型 群体珊瑚，成体大且营自由生活，但背面中央有附着基痕迹，珊瑚骼形状不规则，圆板形、长履形、凸或束腰履形，表面扁平或圆顶拱形；有多个中心，且有 1 个明显的中央窝。

骨骼微细结构 珊瑚杯圆形或卵圆形，无杯壁，且多沿着中轴方向密集分布；隔片 3 轮，前两轮粗大，第三轮薄而矮，珊瑚肋边缘布满不规则的尖齿。

颜色、生境及分布 生活时为绿色或棕色。生于各种珊瑚礁生境。广泛分布于印度 - 太平洋海区。

保护及濒危等级 国家 II 级重点保护野生动物，IUCN-无危。

叶状珊瑚科

Lobophylliidae Dai & Horng, 2009

叶状珊瑚科是台湾学者戴昌凤和洪圣雯基于 Fukami 等（2008）分子系统学分析而建立的分类单元，现已被广泛认可，包括 13 个属，分别为棘星珊瑚属 *Acanthastrea*、*Acanthophyllia*、*Australophyllia*、缺齿珊瑚属 *Cynarina*、刺叶珊瑚属 *Echinophyllia*、*Echinomorpha*、同叶珊瑚属 *Homophyllia*、叶状珊瑚属 *Lobophyllia*、小褶叶珊瑚属 *Micromussa*、*Moseleya*、尖孔珊瑚属 *Oxypora*、拟刺叶珊瑚属 *Paraechinophyllia* 和 *Sclerophyllia*。

叶状珊瑚科多为群体性造礁石珊瑚，以团块状为主；珊瑚杯多角形、融合形、笙形或扇形 - 沟回形排列，珊瑚杯和谷非常宽大；活体时肉质组织肥厚；隔片大而坚固，上有明显的尖锐的齿状突起；杯壁厚，轴柱一般发育良好。

棘星珊瑚属 *Acanthastrea* Milne Edwards & Haime, 1848

群体多为团块状或皮壳状，表面多扁平；珊瑚杯多角形或亚融合形排列，单口道中心，圆形或多边形，在杯壁位置加厚，肉质组织明显；隔片上有长齿。

112. 刺状棘星珊瑚 *Acanthastrea brevis* Milne Edwards & Haime, 1849

同物异名 无

生长型 群体多为皮壳状或亚团块状。

骨骼微细结构 珊瑚杯多角形或亚融合形排列，肉质组织看起来并不明显，珊瑚杯直径约 1 cm，杯壁中等厚度；隔片薄且间距大，主要隔片上有明显伸展的长齿，因此群体表面看起来多刺。

颜色、生境及分布 生活时为均匀的棕色、棕色间杂绿色或灰白色，肉质组织不明显。多生于浅水珊瑚礁生境。广泛分布于印度 - 太平洋海区，不常见。

保护及濒危等级 国家 II 级重点保护野生动物，IUCN- 易危。

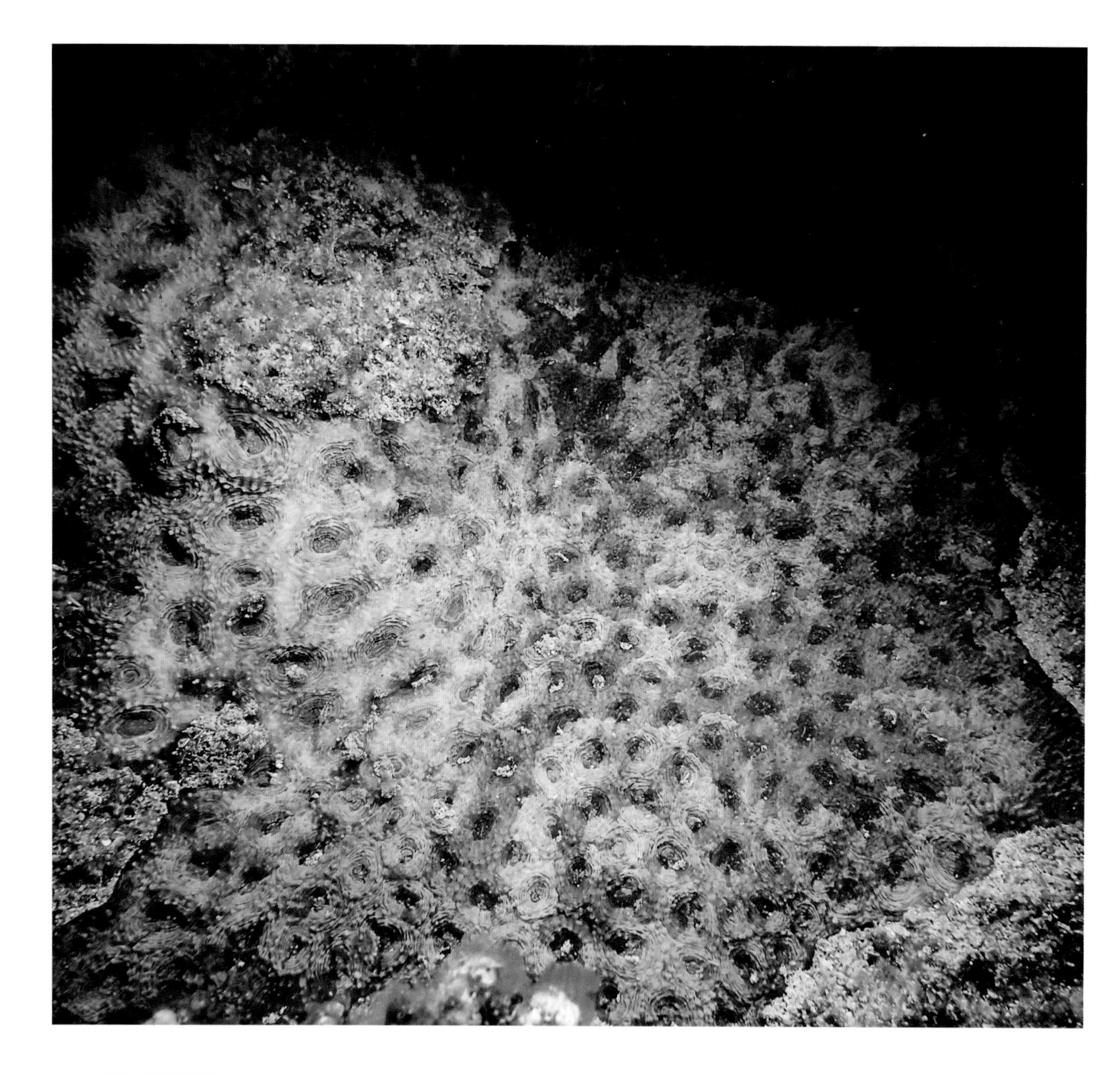

113. 棘星珊瑚 *Acanthastrea echinata* (Dana, 1846)

同物异名 无

生长型 群体为皮壳状或团块状，有时呈球状。

骨骼微细结构 珊瑚杯多角形到亚融合形排列，直径 11 ～ 27 mm，杯壁厚；隔片间距基本等大，从边缘到中心逐渐变薄，隔片边缘有 3 ～ 8 个叶状或刺状的齿突，上部 2 个齿突尖而大，相邻珊瑚杯的隔片膨大，相对排列；珊瑚虫肉质组织较厚，常折叠形成同心圆状的结构，且掩盖住其下的骨骼微细结构特征。

颜色、生境及分布 生活时多为棕色和灰色形成的复合杂色，口道和共肉的颜色常明显不同。生于各种珊瑚礁生境。广泛分布于印度 - 太平洋海区。

保护及濒危等级 国家 II 级重点保护野生动物，IUCN- 无危。

114. 联合棘星珊瑚 *Acanthastrea hemprichii* (Ehrenberg, 1834)

同物异名 无

生长型 群体为皮壳状到团块状，常形成 1 m 以上的大型群体，表面较平整，有时也形成不规则的起伏突起。

骨骼微细结构 珊瑚杯多角形排列，轮廓呈多边形，少数为圆形，直径平均 1 cm；隔片排列规则，其中一半隔片明显厚且突出，隔片边缘有规则的大型棘突，两侧有细颗粒。

颜色、生境及分布 生活时多为复合色，棕色杂以灰色或绿色夹杂灰色，组织虽厚但不足以遮盖下部的骨骼结构。生于各种珊瑚礁生境。广泛分布于太平洋西部，不常见。

保护及濒危等级 国家 II 级重点保护野生动物，IUCN-易危。

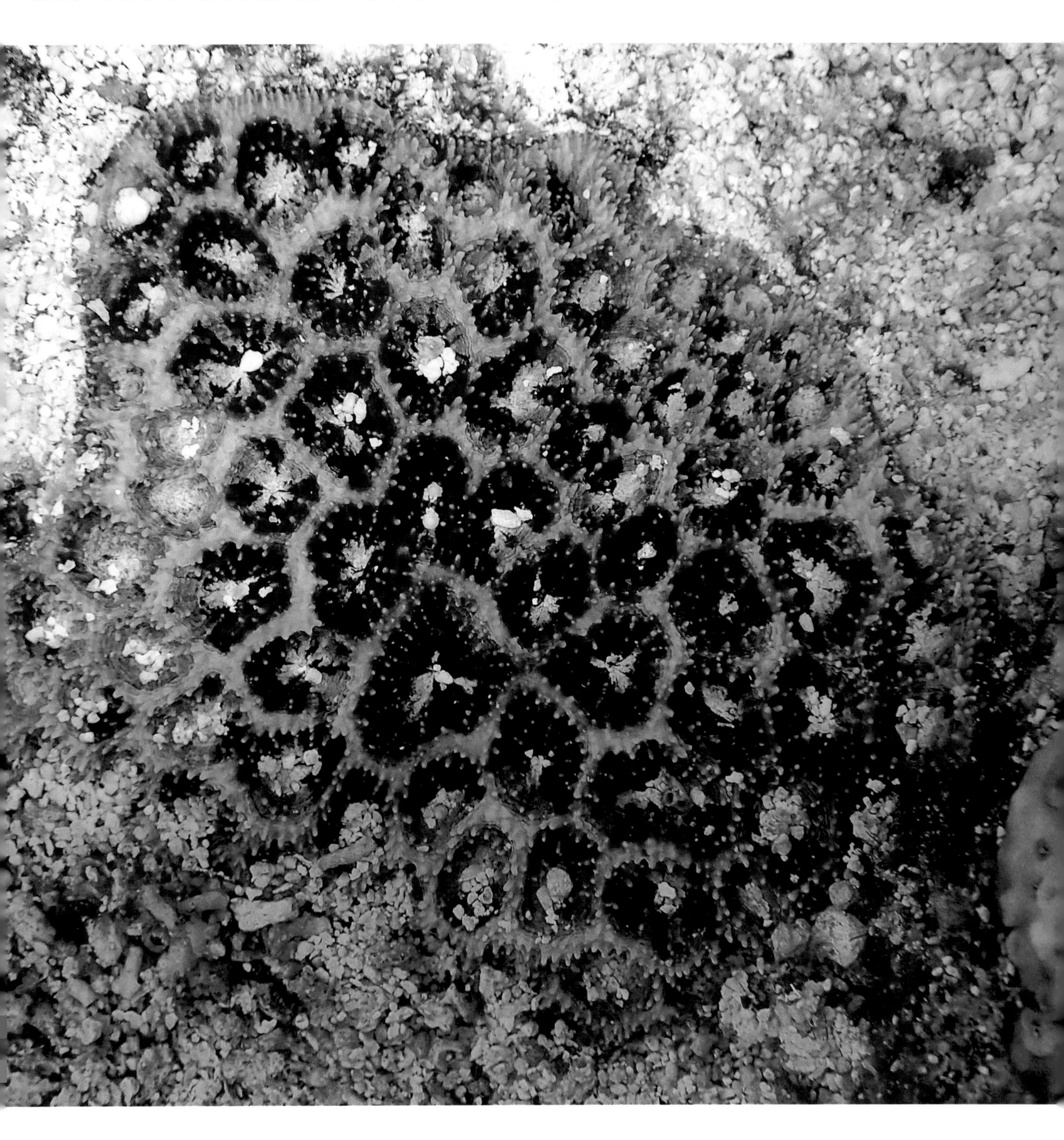

刺叶珊瑚属 *Echinophyllia* Klunzinger, 1879

群体为皮壳状或板状；珊瑚杯浸埋到管状；轴柱发育不良；隔片 - 珊瑚肋起始位置有孔洞，边缘有大而明显的尖刺。

115. 粗糙刺叶珊瑚
Echinophyllia aspera (Ellis & Solander, 1786)

同物异名 无

生长型 群体为皮壳状或叶状，中心部位厚而边缘薄，随着生长中心部位可能变成丘状或亚团块状，而边缘部分发生卷曲。

骨骼微细结构 珊瑚杯稍突出，常向边缘倾斜，大小和形状均多变，20 cm 以下的群体中通常可见一个中心珊瑚杯；隔片的数目变化很大，排列方式没有一定轮次，但高矮相间排列，主要隔片到达轴柱，非常突出，上边缘有 1 ～ 3 个大的齿突；珊瑚肋厚，上有稀疏的尖刺。

颜色、生境及分布 生活时为棕色、绿色或红色，口盘位置常为绿色或红色。生于各种珊瑚礁生境，尤其是下礁坡、岸礁和潟湖。广泛分布于印度 - 太平洋海区。

保护及濒危等级 国家 II 级重点保护野生动物，IUCN- 无危。

叶状珊瑚属 *Lobophyllia* de Blainville, 1830

群体多为团块状；珊瑚杯大，排列方式为沟回形、笙形或扇形 - 沟回形；隔片大，边缘有长齿；轴柱宽大。

116. 菌形叶状珊瑚 *Lobophyllia agaricia* (Milne Edwards & Haime, 1849)

同物异名 菌状合叶珊瑚 *Symphyllia agaricia*

生长型 群体为团块状。

骨骼微细结构 珊瑚杯沟回形排列，形成宽大的谷，谷连续弯曲或辐射状，长短不定，宽达 3.5 cm；隔片排列无明显的轮次，厚度也变化很大，1 cm 内有 8 ～ 10 个隔片，其中主要隔片厚且长，边缘上有颗粒状的钝齿，次要隔片薄，上有细齿，相邻隔片在脊塍上被细沟槽隔开；轴柱轻微发育，由隔片内缘交连而成，轴柱之间由平行的薄片相连。

颜色、生境及分布 生活时为棕色、绿色或杂色。多生于上礁坡风浪较大处。广泛分布于印度 - 太平洋海区，但不常见。

保护及濒危等级 国家 II 级重点保护野生动物，IUCN- 无危。

117. 伞房叶状珊瑚 *Lobophyllia corymbosa* (Forskål, 1775)

同物异名 无

生长型 群体为半球状，由短而紧密排列的笙形珊瑚杯组成。

骨骼微细结构 珊瑚杯多为单口道，少数为二口道，但不形成连续弯曲的谷，谷通常较短，长 5 ～ 6 cm，珊瑚杯较深，杯壁厚 4 mm；主要隔片和次要隔片交替排列，主要隔片厚且突出，边缘有 3 ～ 6 个齿突，末端常有 2 个长齿，次要隔片小而薄；珊瑚肋刺少而稀，大小不等。

颜色、生境及分布 生活时多为灰褐色或棕绿色，口盘位置为灰白色。多生于上礁坡和潟湖。广泛分布于印度 - 太平洋海区。

保护及濒危等级 国家 II 级重点保护野生动物，IUCN- 无危。

118. 褶曲叶状珊瑚 *Lobophyllia flabelliformis* Veron, 2000

同物异名 无

生长型 群体为团块状，常形成大的圆顶状、半球状到扁平状群体。

骨骼微细结构 珊瑚杯为扇形 - 沟回状，谷宽最大 5 cm，相邻的谷排列相对紧凑，但无共同的珊瑚壁；约有一半的隔片厚且突出，上有大的刺状或叶状齿突。

颜色、生境及分布 生活时为棕灰色或深绿色，珊瑚虫有肉质的外套膜，表面除触手外还布满乳突。生于多种珊瑚礁生境。分布于太平洋西部，但不常见。

保护及濒危等级 国家 II 级重点保护野生动物，IUCN- 易危。

119. 盔形叶状珊瑚 *Lobophyllia hataii* Yabe, Sugiyama & Eguchi, 1936

同物异名 无

生长型 群体边缘位置呈扇形 - 沟回形，中央位置为亚沟回形。

骨骼微细结构 珊瑚杯呈扇形 - 沟回形，谷通常宽而浅，谷底平坦，口道中心通常排成两列，但在谷底平坦位置则均匀分布；隔片一般 3 轮，第一轮厚而突出，上有 4 ～ 8 个棘刺状或叶状突起，第三轮薄而短，多发育不全，隔片两侧均布满细颗粒；轴柱由小梁缠绕交织而成，多排成平行的两列，轴柱之间在沿着谷的方向有 2 ～ 6 个类似隔片的横板相连，珊瑚肋为平行排列的长刺。

颜色、生境及分布 生活时常为棕色或绿色。多生于上礁坡或潟湖。广泛分布于印度 - 太平洋海区，不常见。

保护及濒危等级 国家 II 级重点保护野生动物，IUCN-无危。

120. 赫氏叶状珊瑚 *Lobophyllia hemprichii* (Ehrenberg, 1834)

同物异名 无

生长型 群体为半球形或扁平的团块状，常形成直径数米的大群体。

骨骼微细结构 珊瑚杯笙形，单口道到沟回形的多口道，谷的长度取决于相邻分枝之间的空间竞争；隔片大小交替排列，可辨认出明显的 4 轮或轮次不明显，其中约有一半的隔片属于第一轮，非常突出，有 2 ～ 10 个大的叶状或棘刺状突起，高轮次隔片上的齿突通常细且多；轴柱由小梁缠绕交织而成；珊瑚肋排列成平行脊状，上有尖齿。

颜色、生境及分布 生活时颜色多变，每个珊瑚杯的口盘、杯壁及外壁的颜色不同。多生于上礁坡和潟湖。广泛分布于印度 - 太平洋海区。

保护及濒危等级 国家 II 级重点保护野生动物，IUCN-无危。

121. 辐射叶状珊瑚 *Lobophyllia radians* (Milne Edwards & Haime, 1849)

同物异名 辐射合叶珊瑚 *Symphyllia radians*

生长型 群体多为半球形或扁平团块状。

骨骼微细结构 扁平群体的谷呈辐射状，直而连续；半球形群体的谷不规则弯曲，谷宽 20 ～ 25 mm；脊塍上有槽；隔片无一定轮次，1 cm 内有 8 ～ 10 个隔片，主要隔片与次要隔片交替排列，主要隔片长而厚，边缘有 6 ～ 10 个齿，上部的齿为等腰三角形，下部的齿为半圆形，上下部的齿高度差不多，不明显突出，次要隔片则薄而短；轴柱疏松，由扭曲的隔片末端和少数小梁交织形成。

颜色、生境及分布 生活时颜色多变，为绿色、灰色或褐黄色，口道和杯壁颜色多不同。多生于上礁坡和岸礁。广泛分布于印度 - 太平洋海区。

保护及濒危等级 国家 II 级重点保护野生动物，IUCN-无危。

122. 直纹叶状珊瑚 *Lobophyllia recta* (Dana, 1846)

同物异名 直纹合叶珊瑚 *Symphyllia recta*、华贵合叶珊瑚 *Symphyllia nobilis*

生长型 群体为半球状或低矮的圆顶状。

骨骼微细结构 珊瑚杯沟回形，谷连续而弯曲，并发生不规则的分叉，谷宽 12 ～ 15 mm；脊塍顶部钝圆，上有明显的槽；主要隔片与次要隔片交替排列，主要隔片厚，向谷中心逐渐变薄，上边缘有尖齿，高轮次隔片薄，齿少；轴柱小，由主要隔片的内缘交连形成，相邻轴柱间距几乎等大，长约 1.6 cm。

颜色、生境及分布 生活时为褐色、绿色、灰色或杂色，口道和杯壁的颜色不同。多生于上礁坡和岸礁。广泛分布于印度 - 太平洋海区。

保护及濒危等级 国家 II 级重点保护野生动物，IUCN- 无危。

123. 斐济叶状珊瑚 *Lobophyllia vitiensis* (Brüggemann, 1877)

同物异名 斐济蓟珊瑚 *Scolymia vitiensis*

生长型 在亚热带海区通常为单体珊瑚，直径通常在 6 cm 以下，在热带海区可以形成多中心群体，直径在 14 cm 以下；整体形态扁平、凹陷或突出。

骨骼微细结构 珊瑚杯较浅，锥形下陷；隔片通常有 5 轮或 6 轮，逐渐变得薄而小，边缘的齿也随轮次而逐渐变小；轴柱大，海绵状。

颜色、生境及分布 生活时通常为深棕色或深绿色，肉质较薄。生于各种珊瑚礁生境。广泛分布于印度 - 太平洋海区，不常见。

保护及濒危等级 国家 II 级重点保护野生动物，IUCN- 近危。

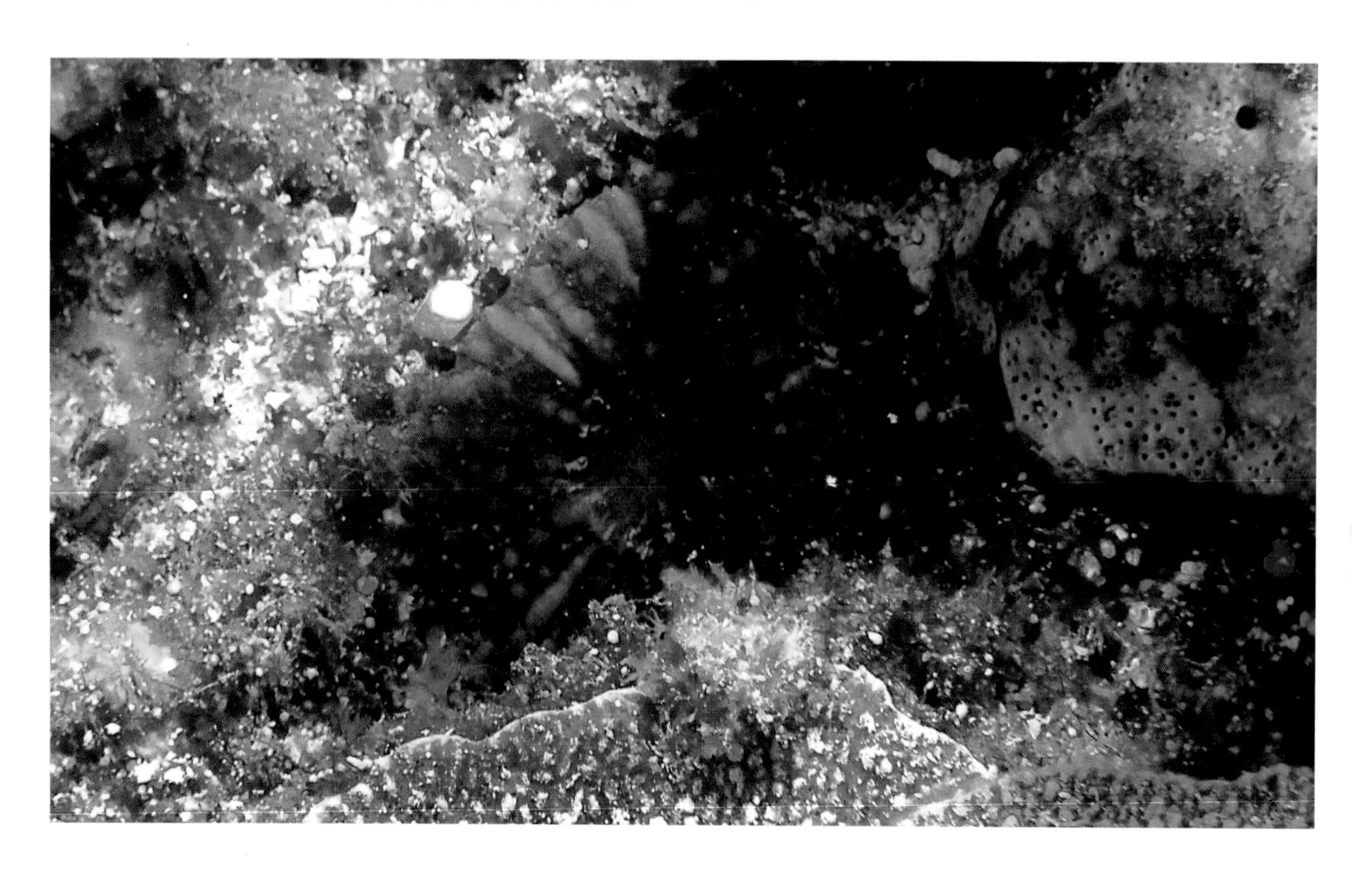

小褶叶珊瑚属 *Micromussa* Veron, 2000

群体为皮壳状或团块状，较扁平；珊瑚杯较小，直径通常在 8 mm 以下，多角形或亚融合形排列；隔片边缘多齿。

124. 规则小褶叶珊瑚 *Micromussa regularis* (Veron, 2000)

同物异名 规则棘星珊瑚 *Acanthastrea regularis*

生长型 群体为皮壳状或团块状，表面平坦。

骨骼微细结构 珊瑚杯圆形，直径 6 ～ 8 mm，大小和排列规则；隔片轮次不明显，隔片长度和排列间距基本一致，少数隔片明显较薄，隔片边缘有 8 ～ 10 个分布均匀的齿突，呈同心圆状排列；轴柱位于珊瑚杯底部，通常发育不良，肉质组织较薄，不能掩盖骨骼特征。

颜色、生境及分布 生活时多为棕色、黄色和棕绿色，通常杯壁和口盘颜色不同。多生于浅水珊瑚礁生境。分布于印度和太平洋西部，不常见。

保护及濒危等级 国家 II 级重点保护野生动物，IUCN-易危。

尖孔珊瑚属 *Oxypora* Saville Kent, 1871

群体多为薄板状；珊瑚杯较浅，通常不倾斜，杯壁不发育；隔片 - 珊瑚肋少但明显，轴柱发育不良，在隔片 - 珊瑚肋起始部位通常有孔洞。

125. 撕裂尖孔珊瑚 *Oxypora lacera* (Verrill, 1864)

同物异名 无

生长型 群体为皮壳状、叶状或薄板状，边缘部分游离，扁平但有时卷曲搭叠，在水动力强的生境可形成厚板状。

骨骼微细结构 骨骼微细结构清晰精细或加厚而杂乱不清，近椭圆形，多发生倾斜，大致按照同心圆排列；第一轮隔片仅由一个高的齿突组成，齿突上边缘锯齿状，下边缘有不规则的小齿且和轴柱相连；珊瑚肋厚而直，通常平行排列且和群体边缘垂直，边缘有高的齿突，隔片 - 珊瑚肋起始的位置骨骼有明显的孔洞。

颜色、生境及分布 生活时为浅棕色、深棕色或绿色，口盘为绿色、灰白色或红色。多生于受庇护的浅水礁坡。广泛分布于印度 - 太平洋海区。

保护及濒危等级 国家 II 级重点保护野生动物，IUCN-无危。

拟刺叶珊瑚属 *Paraechinophyllia* Arrigoni, Benzoni & Stolarski, 2019

群体多为皮壳板状；外触手芽生殖；珊瑚杯一般较突出，高 3 mm 左右；隔片最多 3 轮，相邻珊瑚杯的隔片 - 珊瑚肋多汇合，其上有刺突。

126. 多变拟刺叶珊瑚 *Paraechinophyllia variabilis* Arrigoni, Benzoni & Stolarski, 2019

同物异名 无

生长型 群体为皮壳板状，形状不规则，中间部分附生于基底，边缘有时游离。

骨骼微细结构 珊瑚杯大小和形态变化较大，群体中央的珊瑚杯分布拥挤，多为椭圆形，直径最大可达 1.8 cm，边缘位置珊瑚杯则稍稀疏；隔片 - 珊瑚肋 12 ～ 24 个，基本等大，隔片上有粗大明显的齿突，齿突末端不规则，有肉眼可见的分叉；轴柱大而明显，由小梁形成海绵状，位于珊瑚杯底部深处。

颜色、生境及分布 生活时多为深棕色、浅棕色，或棕灰复合的杂色。多生于受庇护的浅水生境，如潟湖和礁坡缝隙处，本种珊瑚活体时形态变异大，不易与尖孔珊瑚和刺叶珊瑚分辨。分布于红海、亚丁湾、印度洋西南部和太平洋西部。

保护及濒危等级 国家 II 级重点保护野生动物，IUCN-未评估。

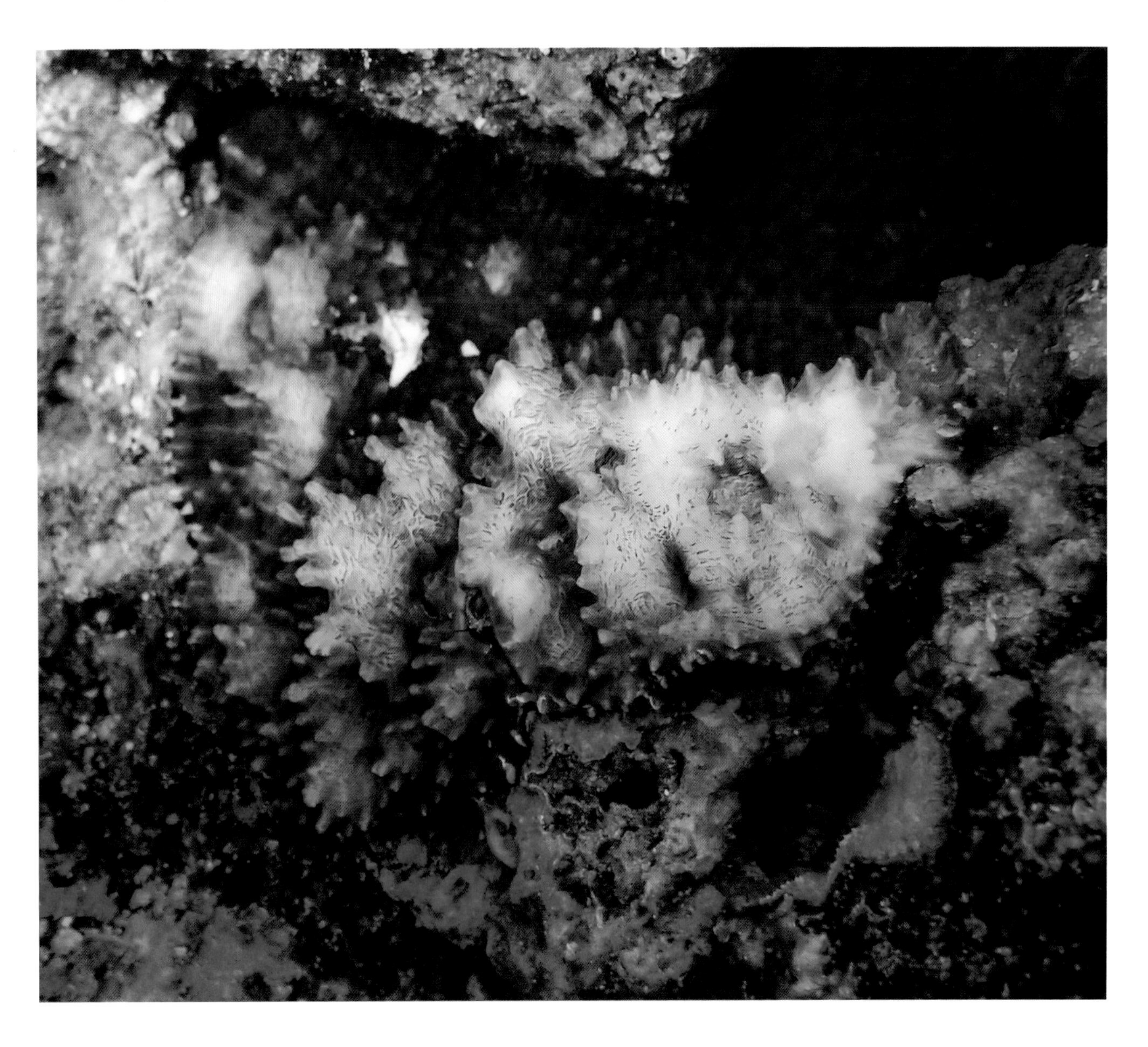

裸肋珊瑚科

Meruliniidae Verrill, 1865

裸肋珊瑚科共包括24个属，分别为圆星珊瑚属 *Astrea*、星剑珊瑚属 *Astraeosmilia*、*Australogyra*、小笠原珊瑚属 *Boninastrea*、干星珊瑚属 *Caulastraea*、腔星珊瑚属 *Coelastrea*、刺星珊瑚属 *Cyphastrea*、盘星珊瑚属 *Dipsastraea*、刺孔珊瑚属 *Echinopora*、*Erythrastrea*、角蜂巢珊瑚属 *Favites*、菊花珊瑚属 *Goniastrea*、刺柄珊瑚属 *Hydnophora*、肠珊瑚属 *Leptoria*、裸肋珊瑚属 *Merulina*、斜花珊瑚属 *Mycedium*、*Orbicella*、耳纹珊瑚属 *Oulophyllia*、拟菊花珊瑚属 *Paragoniastrea*、拟圆菊珊瑚属 *Paramontastraea*、梳状珊瑚属 *Pectinia*、囊叶珊瑚属 *Physophyllia*、扁脑珊瑚属 *Platygyra* 和粗叶珊瑚属 *Trachyphyllia*。原有的葶叶珊瑚属 *Scapophyllia* 现已修订并入到裸肋珊瑚属。

本科珊瑚均为群体性造礁石珊瑚，包含的属最多，物种数则仅次于鹿角珊瑚科。生长型变化较大，珊瑚杯排列方式则有笙形、融合形、多角形及沟回形。

星剑珊瑚属 *Astraeosmilia* Dana, 1846

Arrigoni 等（2021）根据珊瑚肋、隔片形态以及分子系统学从干星珊瑚属 *Caulastraea* 新划分出星剑珊瑚属 *Astraeosmilia*，共 4 个种，分别为 *A. tumida*、*A. connata*、*A. curvata*（原属于干星珊瑚属）和 *A. maxima*（原属于盘星珊瑚属）。珊瑚杯笙形、亚笙形或融合形排列；隔片多而细；轴柱发育良好。

127. 大星剑珊瑚 *Astraeosmilia maxima* (Veron, Pichon & Wijsman-Best, 1977)

同物异名 大蜂巢珊瑚 *Favia maxima*、大盘星珊瑚 *Dipsastraea maxima*

生长型 群体为团块状，多呈半球形，通常较小。

骨骼微细结构 珊瑚杯杯壁明显，发育良好且突出，融合形排列，形状为圆形、卵圆形或不规则形状，直径最大可达 20 mm，平均可达 12 mm；隔片大小一致，排列均匀，在杯壁位置明显加厚，内缘加厚形成冠状的围栅瓣，隔片边缘和两侧有规则的细齿。

颜色、生境及分布 生活时常为棕色或棕黄色杂以灰白色。多生于上礁坡。广泛分布于印度 - 太平洋海区，不常见。

保护及濒危等级 国家 II 级重点保护野生动物，IUCN- 近危。

128. 短枝星剑珊瑚 *Astraeosmilia tumida* (Matthai, 1928)

同物异名 短枝干星珊瑚 *Caulastraea tumida*

生长型 群体为粗而短的分枝形成的笙形。

骨骼微细结构 珊瑚杯圆形到不规则卵圆形，直径 10 ～ 12 mm，杯壁厚 1.5 ～ 2 mm；单个珊瑚杯隔片 32 ～ 60 个，隔片稍突出，主要隔片突出尤为明显，且在杯壁位置加厚；隔片有明显的齿突，尤其是内缘的下半部分，珊瑚肋发育不良，较为光滑；共骨发育良好，小梁状。

颜色、生境及分布 生活时为奶油色、棕色或绿色。多生于浅水礁区的硬质基底。广泛分布于东印度洋和太平洋。

保护及濒危等级 国家 II 级重点保护野生动物，IUCN-近危。

圆星珊瑚属 *Astrea* Lamarck, 1801

群体为团块状；珊瑚杯规整，融合形排列；外触手芽生殖。

129. 曲圆星珊瑚 *Astrea curta* Dana, 1846

同物异名 曲圆菊珊瑚 *Montastrea curta*

生长型 群体为团块状、半球形、扁平或柱状。

骨骼微细结构 珊瑚杯融合形排列，圆形，直径 2.5～7.5 mm，同一群体内珊瑚杯大小均一，无性生殖方式为外触手芽生殖；隔片 3 轮，长短交替排列，第一轮和第二轮隔片基本相同，无法分辨，第三轮隔片很短，不和轴柱相连且不形成围栅瓣，隔片和珊瑚肋均有细刻齿，相邻珊瑚杯的珊瑚肋不相连。

颜色、生境及分布 生活时为奶油色或淡橘黄色。生于各种珊瑚礁生境，尤其是礁坪浅水区域。广泛分布于印度-太平洋海区，常见种。

保护及濒危等级 国家 II 级重点保护野生动物，IUCN-无危。

腔星珊瑚属 *Coelastrea* Verrill, 1866

群体为板状或团块状；珊瑚杯多角形排列，外触手芽生殖；隔片 4 轮以上；轴柱为小梁海绵状，围栅瓣发育良好。

130. 粗糙腔星珊瑚 *Coelastrea aspera* (Verrill, 1866)

同物异名　粗糙菊花珊瑚 *Goniastrea aspera*

生长型　群体为团块状或扁平皮壳状。

骨骼微细结构　珊瑚杯多角形排列，呈较深的多边形，以五边形为主，珊瑚杯直径 7 ~ 10 mm；杯壁相对较薄，顶端尖；隔片两轮，等大或大小交替排列，隔片稍突出，间距相等，排列规则，相邻珊瑚杯的隔片在杯壁上汇合，围栅瓣发育良好；轴柱小，海绵状，出芽方式为外触手芽。

颜色、生境及分布　生活时多为棕色，口盘有时呈灰色或绿色。生于各种珊瑚礁生境。广泛分布于印度 - 太平洋海区。

保护及濒危等级　国家 II 级重点保护野生动物，IUCN-无危。

刺星珊瑚属 *Cyphastrea* Milne Edwards & Haime, 1848

生长型变化大，群体为块状、皮壳状或分枝状；珊瑚杯融合形排列，直径小于 3 mm；珊瑚肋仅限于杯壁上；共骨多颗粒。

131. 阿加西刺星珊瑚 *Cyphastrea agassizi* (Vaughan, 1907)

同物异名 无

生长型 群体多为团块状，有时也呈亚团块状或皮壳状，群体表面光滑平坦或有瘤突和深沟。

骨骼微细结构 珊瑚杯圆锥形或稍突出，分布拥挤程度中等，直径 2 ～ 4 mm；隔片 3 轮不等大，第一轮隔片突出，第三轮隔片很短；无围栅瓣发育；共骨无颗粒，较光滑，有时发育有不规则的沟槽 - 结节。

颜色、生境及分布 生活时为棕色、红色或奶油色。生于各种珊瑚礁生境。主要分布于太平洋中西部，与锯齿刺星珊瑚相比并不常见。

保护及濒危等级 国家 II 级重点保护野生动物，IUCN-易危。

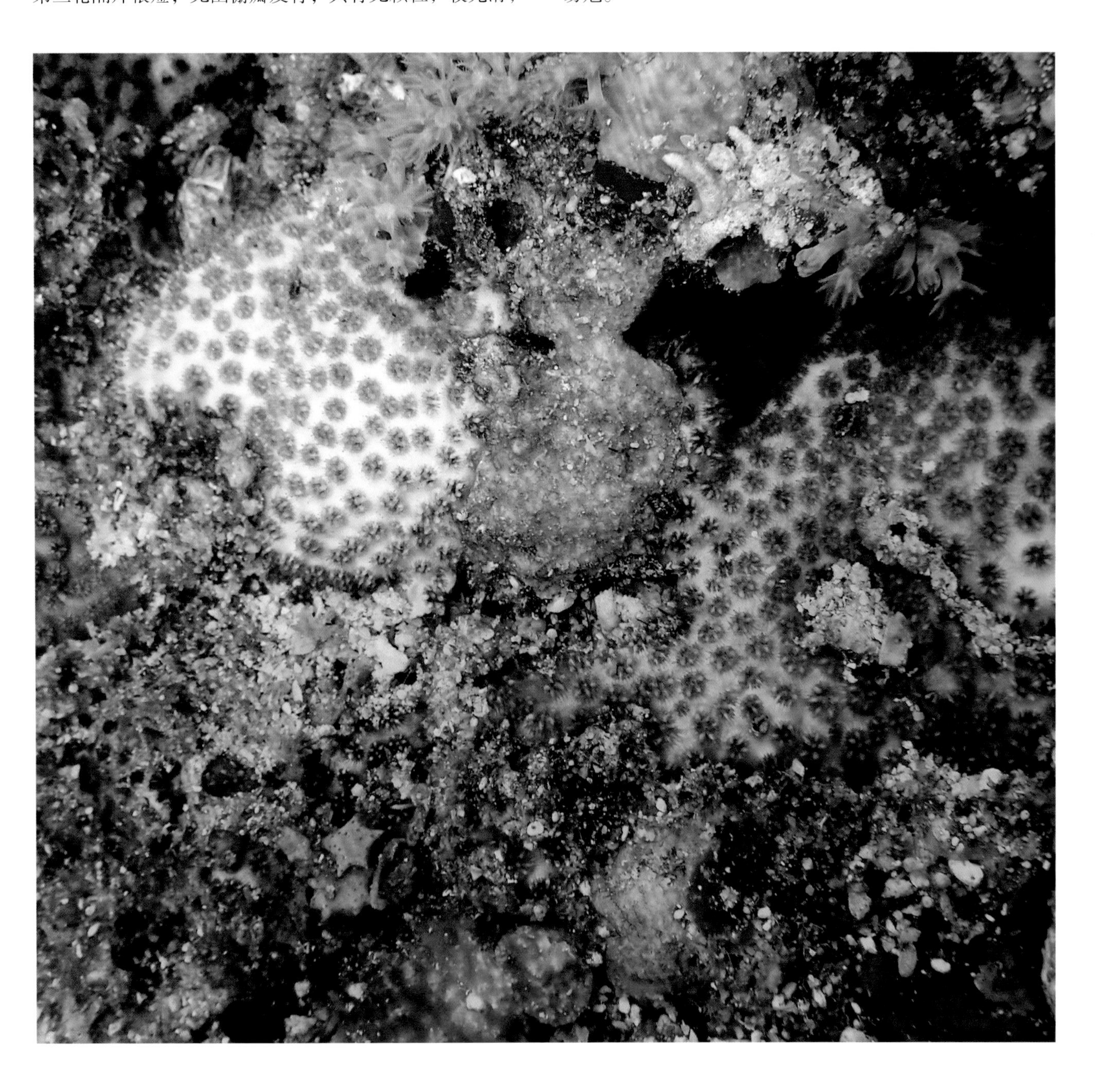

132. 碓突刺星珊瑚 *Cyphastrea chalcidicum* (Forskål, 1775)

同物异名 无

生长型 群体为皮壳状到团块状，有时表面的瘤突趋于形成柱状。

骨骼微细结构 珊瑚杯圆锥形，稍拥挤，直径平均 2 mm，凸面上的珊瑚杯稍大；隔片两轮不等大，第一轮隔片较长，12 个且不等大，其中有 6 个稍大且突出，第二轮隔片很短；无围栅瓣发育；珊瑚肋两轮不等大，长短交替排列；轴柱小。

颜色、生境及分布 生活时为棕色、红色或奶油色。生于各种珊瑚礁生境。广泛分布于印度 - 太平洋海区，与锯齿刺星珊瑚相比并不常见。

保护及濒危等级 国家 II 级重点保护野生动物，IUCN- 无危。

133. 日本刺星珊瑚 *Cyphastrea japonica* Yabe & Sugiyama, 1932

同物异名 无

生长型 群体为皮壳状或亚团块状，表面不规则起伏不平，常形成瘤突且通常有沟槽 - 结节。

骨骼微细结构 珊瑚杯小且稍拥挤，直径 1 ～ 2.5 mm；隔片两轮，共 24 个，大小不等，第一轮中常有 6 个厚且明显突出，但有时两轮隔片也等大以致难以辨别开，隔片边缘布满细颗粒；珊瑚肋两轮；共骨上的小刺和颗粒明显。

颜色、生境及分布 生活时为奶油色、黄绿色或杂灰色，群体表面常有藤壶寄生。多生于风浪强劲的浅水礁区。主要分布于太平洋西部，不常见。

保护及濒危等级 国家 II 级重点保护野生动物，IUCN- 无危。

134. **小叶刺星珊瑚** *Cyphastrea microphthalma* (Lamarck, 1816)

同物异名 无

生长型 群体通常为皮壳状、团块状或亚团块状。

骨骼微细结构 珊瑚杯融合形排列，呈突出的圆锥状，直径 1～2 mm；两轮对称的隔片，多数成熟的珊瑚杯第一轮隔片 10 个，为该种珊瑚的识别特征，第一轮隔片稍突出，边缘布满不规则的复杂刺突，第二轮隔片短刺状；珊瑚肋等大；轴柱仅由几个扭曲的小梁组成。

颜色、生境及分布 生活时为奶油色、棕色或绿色，隔片呈白色。生于各种珊瑚礁生境。广泛分布于印度 - 太平洋海区。

保护及濒危等级 国家 II 级重点保护野生动物，IUCN-无危。

135. 锯齿刺星珊瑚 *Cyphastrea serailia* (Forskål, 1775)

同物异名 无

生长型 群体为团块状或亚团块状，有时也呈皮壳状，群体表面光滑或起伏形成瘤突。

骨骼微细结构 珊瑚杯融合形排列，圆形且突出，直径 1.5 ～ 2.8 mm；隔片两轮，各 12 个，大小不等，交替排列，第一轮基本等大，和轴柱相连，第二轮隔片很小，短刺状，隔片的边缘和两侧布满明显的颗粒；轴柱不明显，仅为简单的小梁。

颜色、生境及分布 生活时为灰色、棕色或奶油色。生于多种珊瑚礁生境。广泛分布于印度 - 太平洋海区。

保护及濒危等级 国家 II 级重点保护野生动物，IUCN-无危。

盘星珊瑚属 *Dipsastraea* Blainville, 1830

群体为团块状、扁平状或圆顶半球状；珊瑚杯单口道中心，融合形排列，稍突出，珊瑚杯之间有沟槽，杯壁明显；无性生殖方式为外触手芽生殖。

136. 和平盘星珊瑚 *Dipsastraea amicorum* (Milne Edwards & Haime, 1849)

同物异名 和平芭珊瑚 *Barabattoia amicorum*

生长型 群体为团块状或皮壳状。

骨骼微细结构 珊瑚杯融合形排列，突出呈圆管状，直径 6～10 mm，珊瑚杯间距不规则；隔片两轮，长短交替排列，边缘有细齿；珊瑚肋发育良好，排列规则；轴柱小而致密；围栅瓣不发育；无性出芽方式为外触手芽。

颜色、生境及分布 生活时为棕色、奶油色或淡绿色，触手仅在晚上伸出。多生于浅水珊瑚礁生境，尤其是不受风浪影响的礁后区。广泛分布于印度 - 太平洋海区，但不常见。

保护及濒危等级 国家 II 级重点保护野生动物，IUCN-无危。

137. 丹氏盘星珊瑚 *Dipsastraea danai* (Milne Edwards & Haime, 1857)

同物异名 无

生长型 群体常呈小型团块状。

骨骼微细结构 珊瑚杯短圆锥形，直径 10～15 mm，杯壁厚；隔片 - 珊瑚肋厚且不规则，边缘布满均一的珠状细齿；轴柱明显；围栅瓣基本不发育。

颜色、生境及分布 生活时为棕色夹杂灰色或绿色，或均一的棕色。生于多种珊瑚礁生境。广泛分布于印度 - 太平洋海区，一般不常见。

保护及濒危等级 国家 II 级重点保护野生动物，IUCN-无危。

138. 似蜂巢盘星珊瑚 *Dipsastraea faviaformis* (Veron, 2000)

同物异名　似蜂巢棘星珊瑚 *Acanthastrea faviaformis*

生长型　群体为小型皮壳状或团块状，直径通常在 20 cm 以下。

骨骼微细结构　单个群体的珊瑚杯数目较少，珊瑚杯融合形排列，直径在 8 ～ 15 mm，平均约 10 mm；隔片无一定轮次，长短不一，多数到达轴柱，最短仅超出杯壁 1 mm，隔片 - 珊瑚肋明显，其上布满齿突，齿突末梢有小刺突装饰；轴柱较深，有时不明显；围栅瓣发育不良。

颜色、生境及分布　生活时为棕色夹杂绿色或灰色。多生于浅水珊瑚礁生境。分布于印度 - 太平洋海区，不常见。

保护及濒危等级　国家 II 级重点保护野生动物，IUCN- 易危。

139. 黄癣盘星珊瑚 *Dipsastraea favus* (Forskål, 1775)

同物异名　黄癣蜂巢珊瑚 *Favia favus*

生长型　群体为圆形或扁平的团块状。

骨骼微细结构　珊瑚杯融合形排列，多为圆锥形，但正在分裂出芽的珊瑚杯则为不规则状，突出可达 5 mm，直径 12 ～ 20 mm；隔片基本等大且等间距，轮次不明显，隔片边缘有长短不一、向内倾斜的齿，隔片底部通常不形成围栅瓣；珊瑚肋大小基本一致，边缘有排列规则的细齿，相邻珊瑚杯的珊瑚肋常对齐或稍错开。

颜色、生境及分布　生活时常为棕色夹杂灰色或绿色。生于各种珊瑚礁生境，尤其是礁后区。广泛分布于印度 - 太平洋海区，常见种。

保护及濒危等级　国家 II 级重点保护野生动物，IUCN- 无危。

140. 海洋盘星珊瑚
Dipsastraea maritima (Nemenzo, 1971)

同物异名 海洋蜂巢珊瑚 *Favia maritima*
生长型 群体为团块状，多呈半球形。
骨骼微细结构 珊瑚杯突出，融合形排列，形状为圆形、卵圆形或不规则，直径最大可达 20 mm；隔片精细，大小一致，数目较多，边缘有规则的细齿；围栅瓣不发育或不明显；无性生殖方式为内触手芽生殖且等裂。
颜色、生境及分布 生活时常为深棕色或绿色，口盘部位有时颜色较浅。多生于礁坡。广泛分布于印度 - 太平洋海区。
保护及濒危等级 国家 II 级重点保护野生动物，IUCN- 近危。

141. 翘齿盘星珊瑚 *Dipsastraea matthaii* (Vaughan, 1918)

同物异名 翘齿蜂巢珊瑚 *Favia matthaii*
生长型 群体为圆形、皮壳状或扁平的团块状。
骨骼微细结构 珊瑚杯融合形排列，圆形或椭圆形，突起，直径 9 ～ 15 mm；隔片厚且突出，在杯壁位置明显加厚，边缘有上翘的长齿因而显得粗糙；隔片 3 轮，长短大小不一，第一轮隔片和轴柱相连，内缘底部的齿突围成围栅瓣，隔片边缘细齿状，第一轮和第二轮隔片突出而成的珊瑚肋基本等大；轴柱由小梁交缠成海绵状。
颜色、生境及分布 生活时常为棕色、灰色或杂色，杯壁和口盘部位的颜色明显不同。多生于上礁坡。广泛分布于印度 - 太平洋海区。
保护及濒危等级 国家 II 级重点保护野生动物，IUCN- 近危。

142. 圆纹盘星珊瑚 *Dipsastraea pallida* (Dana, 1846)

同物异名 圆纹蜂巢珊瑚 *Favia pallida*

生长型 群体为圆形团块状。

骨骼微细结构 珊瑚杯圆形或不规则椭圆形，融合形排列，突出不超过 2 mm，直径 6 ～ 10 mm，浅水生境珊瑚杯排列紧密，深水生境则较为稀疏；隔片间距大，大小、长短不一，内缘较陡，垂直伸至杯底，最多可达 3 轮，第一轮隔片通常厚且长，第二轮和第三轮短且薄，隔片边缘有规则的短齿；围栅瓣通常发育不良。

颜色、生境及分布 生活时颜色为浅棕色或奶油色，口盘位置颜色较深或为绿色。多生于多种珊瑚礁生境，在礁后区边缘常为优势种。广泛分布于印度 - 太平洋海区。

保护及濒危等级 国家 II 级重点保护野生动物，IUCN- 无危。

143. 罗图马盘星珊瑚 *Dipsastraea rotumana* (Gardiner, 1899)

同物异名 罗图马蜂巢珊瑚 *Favia rotumana*

生长型 群体为团块状或皮壳块状。

骨骼微细结构 珊瑚杯亚融合形或多角形排列，珊瑚杯大小和形状不规则，有时形成三口道的短谷，分布拥挤；隔片突出，大小不规则，显得粗糙，隔片内缘陡，垂直降至杯底；围栅瓣发育不良或无。

颜色、生境及分布 生活时颜色多变，黄褐色或黄棕色，口盘为灰褐色或灰绿色。生于多种珊瑚礁生境，尤其是浅水礁坡。广泛分布于印度 - 太平洋海区，不常见。

保护及濒危等级 国家 II 级重点保护野生动物，IUCN- 无危。

144. 标准盘星珊瑚 *Dipsastraea speciosa* (Dana, 1846)

同物异名 标准蜂巢珊瑚 *Favia speciosa*

生长型 群体形态多变，可见团块状、球形或皮壳状。

骨骼微细结构 珊瑚杯不规则多边形到近圆形，在浅水生境分布拥挤，而深水时珊瑚杯则较为分散，珊瑚杯之间有明显的槽；隔片细而密，排列规则，大小不等，边缘有均匀的细齿；围栅瓣发育不良。

颜色、生境及分布 生活时为浅灰色、绿色或棕色，通常口盘颜色明显不同。生于各种珊瑚礁环境。广泛分布于印度 - 太平洋海区，在高纬度海区较为常见。

保护及濒危等级 国家 II 级重点保护野生动物，IUCN- 无危。

145. 截顶盘星珊瑚 *Dipsastraea truncata* (Veron, 2000)

同物异名 截顶蜂巢珊瑚 *Favia truncatus*

生长型 群体为扁平或半球形的团块状。

骨骼微细结构 珊瑚杯直径约 10 mm，侧面的珊瑚杯多发生倾斜，因此开口朝向侧下方；杯壁薄，上部较尖，发生倾斜的珊瑚杯的下杯壁通常浸埋而不突出，上杯壁因而呈罩状；隔片排列间距较大，长短不一，隔片底部的齿突围成冠状的围栅瓣。

颜色、生境及分布 生活时多为棕绿色、棕色或杂色。多生于浅水珊瑚礁生境。分布于印度 - 太平洋海区，在近赤道海区较常见。

保护及濒危等级 国家 II 级重点保护野生动物，IUCN- 无危。

刺孔珊瑚属 *Echinopora* Lamarck, 1816

生长型变化大；珊瑚杯融合形排列，大而突出；隔片突出，不规则；轴柱发达，珊瑚肋仅在杯壁上；共骨上多有颗粒或刺。

146. 宝石刺孔珊瑚 *Echinopora gemmacea* (Lamarck, 1816)

同物异名　无

生长型　群体为叶状、亚团块状或皮壳状，珊瑚杯在叶片两面均有分布，有时表面形成扭曲的分枝。

骨骼微细结构　珊瑚杯圆形或椭圆形，直径 3.5 ～ 5 mm，突出，群体边缘的珊瑚杯小且多发生倾斜；隔片 3 轮，第一轮隔片长，到达轴柱，杯壁处厚，向中心部位变薄，上部有明显上翘的叶瓣，第二轮和第三轮隔片短而薄；珊瑚肋发育良好，杯壁上和杯间均有，由大小和间距不等的颗粒刺花连成平行的线状，且常和边缘位置垂直排列；围栅瓣发育不良；轴柱大，海绵状；由于隔片和珊瑚肋上的颗粒刺花，群体表面非常粗糙，刺状。

颜色、生境及分布　生活时通常为灰色、奶油色、深棕色或黄绿色。多生于隐蔽的浅水礁区。广泛分布于印度 - 太平洋海区。

保护及濒危等级　国家 II 级重点保护野生动物，IUCN-无危。

147. 薄片刺孔珊瑚 *Echinopora lamellosa* (Esper, 1795)

同物异名 无

生长型 群体为薄片状或叶状，边缘常发生不规则卷曲，层层水平或螺旋搭叠，偶尔卷成烟囱状或漏斗形。

骨骼微细结构 珊瑚杯圆形，矮锥状，直径 2.5 ～ 4 mm；隔片 3 轮，第一轮和第二轮与轴柱相连，第一轮厚而突出，第二轮发育良好，但相对较薄，第一轮和第二轮隔片底部加厚形成围栅瓣，第三轮发育不全，仅为长 1/2 内半径；隔片、珊瑚肋边缘和共骨上均有相似的刺花，共骨上的刺花连成平行的线状。

颜色、生境及分布 生活时为浅棕色或深棕色，口盘部位常呈绿色，群体边缘色浅。多生于海流不强劲的浅水礁坪和礁坡，可形成优势种。广泛分布于印度 - 太平洋海区。

保护及濒危等级 国家 II 级重点保护野生动物，IUCN-无危。

148. 太平洋刺孔珊瑚 *Echinopora pacifica* Veron, 1990

同物异名　*Echinopora pacificus*

生长型　群体为叶状或板状，通常中心部分皮壳状而边缘薄片状，珊瑚杯仅在上表面分布。

骨骼微细结构　珊瑚杯圆锥状，融合形排列，直径 10 mm，群体边缘的珊瑚杯多向外倾斜；隔片 - 珊瑚肋两轮，仅有第一轮隔片发育良好，有突出的隔片齿；珊瑚肋延伸至杯间外鞘部分，上生有长刺花突起，相邻珊瑚杯间连成平行而精美的线状。

颜色、生境及分布　生活时常为绿色、黄色、灰棕色或绿色。多生于浅水珊瑚礁区。分布于印度洋东部和太平洋西部，通常不常见。

保护及濒危等级　国家 II 级重点保护野生动物，IUCN- 近危。

角蜂巢珊瑚属 *Favites* Link, 1807

群体为块状、扁平状或圆拱形；珊瑚杯单口道中心，多角形排列，杯间无槽相隔；围栅瓣不发育。

149. 秘密角蜂巢珊瑚 *Favites abdita* (Ellis & Solander, 1786)

同物异名 无

生长型 群体为团块状、圆球形、扁平状或小丘状。

骨骼微细结构 珊瑚杯多角形排列，通常近圆形而非多边形，大小不等，成熟珊瑚杯直径 7 ～ 12 mm；隔片中等突出，间距基本等大，厚度均一，边缘有明显的细齿；围栅瓣不发育或发育不良；轴柱海绵状。

颜色、生境及分布 生活时多为浅棕色，口盘为绿色或棕色，而生于浑浊生境时颜色较深。生于多种珊瑚礁生境。广泛分布于印度 - 太平洋海区。

保护及濒危等级 国家 II 级重点保护野生动物，IUCN- 近危。

150. 中华角蜂巢珊瑚 *Favites chinensis* (Verrill, 1866)

同物异名 无

生长型 群体为团块状或扁平的表覆形，表面通常较为平整。

骨骼微细结构 珊瑚杯较浅，多角形或近融合形排列，直径 10 ～ 13 mm，杯壁很薄；隔片直而稀疏，分布均匀，相邻珊瑚杯的隔片在杯壁位置对齐，边缘有明显的细齿，两侧有明显的颗粒；围栅瓣不发育；轴柱为交缠的小梁，呈海绵状。

颜色、生境及分布 生活时多为棕色或棕绿色，而生于浑浊生境时颜色较深。生于多种珊瑚礁生境，但不常见。广泛分布于印度 - 太平洋海区。

保护及濒危等级 国家 II 级重点保护野生动物，IUCN- 近危。

151. 克里蒙氏角蜂巢珊瑚 *Favites colemani* (Veron, 2000)

同物异名 克里蒙氏圆菊珊瑚 *Montastrea colemani*

生长型 群体为亚团块状到皮壳状。

骨骼微细结构 珊瑚杯圆形到多边形，直径 5 ～ 8 mm，排列紧密，珊瑚杯之间发育有沟槽 - 结节；隔片两轮，长短交替排列，在杯壁位置明显加厚，隔片边缘布满齿突显得粗糙，第一轮隔片底部加厚形成围栅瓣。

颜色、生境及分布 生活时棕色杂以绿色，或绿色夹杂灰色和红棕色。生于各种珊瑚礁生境。广泛分布于印度 - 太平洋海区。

保护及濒危等级 国家 II 级重点保护野生动物，IUCN- 近危。

152. 板叶角蜂巢珊瑚 *Favites complanata* (Ehrenberg, 1834)

同物异名 无

生长型 群体为团块状，表面多平滑。

骨骼微细结构 珊瑚杯多角形或亚融合形排列，形状稍呈多边形，直径 8 ～ 12 mm；杯壁较厚，顶端浑圆；隔片两轮，第一轮长且突出，和轴柱相连，边缘有 4 ～ 5 个明显的齿突，第二轮则很短，稍突出，相邻珊瑚杯交接位置的珊瑚肋多形成三叉星状结构；围栅瓣基本不发育；轴柱大而明显。

颜色、生境及分布 生活时多为棕色，口盘浅灰色或绿色。生于各种珊瑚礁生境。广泛分布于印度 - 太平洋海区。

保护及濒危等级 国家 II 级重点保护野生动物，IUCN- 近危。

153. 海孔角蜂巢珊瑚 *Favites halicora* (Ehrenberg, 1834)

同物异名 无

生长型 群体为皮壳状或亚团块状，表面常有丘状突起。

骨骼微细结构 珊瑚杯多角形排列，直径约 1 cm；第一轮隔片等大，第二轮稍短且和第一轮长短交替排列，隔片边缘有规则的细齿，隔片最内缘的齿稍微加厚变大形成围栅瓣；轴柱海绵状。

颜色、生境及分布 生活时为均一的浅棕色或黄绿色。多生于浅水礁区。广泛分布于印度 - 太平洋海区，一般不常见。

保护及濒危等级 国家 II 级重点保护野生动物，IUCN- 近危。

154. 大角蜂巢珊瑚 *Favites magnistellata* (Milne Edwards & Haime, 1849)

同物异名 大圆菊珊瑚 *Montastraea magnistellata*

生长型 群体为团块状、扁平状或半球形，有时也为皮壳状。

骨骼微细结构 珊瑚杯圆形，较浅，大小不一，直径 7 ～ 15 mm；隔片排列紧凑，两轮交替排列，第一轮隔片几乎全和轴柱相连，底部稍加厚，围栅瓣发育不良，隔片边缘布满大而明显的颗粒状齿突，齿突呈同心圆排列，第二轮隔片很短，生活时由于组织遮盖不可见。

颜色、生境及分布 生活时多为蓝灰色或浅棕色。生于各种珊瑚礁生境，尤其是受庇护的礁坡。广泛分布于印度 - 太平洋海区。

保护及濒危等级 国家 II 级重点保护野生动物，IUCN- 近危。

155. 小五边角蜂巢珊瑚 *Favites micropentagona* Veron, 2000

同物异名 无

生长型 群体为皮壳状到亚团块状，表面多形成不规则隆起。

骨骼微细结构 珊瑚杯五边形，直径 3～4 mm，杯壁较薄；隔片 2 轮，长短交替排列，隔片上有明显的不规则齿突；围栅瓣发育良好；轴柱位置较深，为扭曲的稀疏小梁。

颜色、生境及分布 生活时多为棕褐色，口盘颜色通常深。多生于浅水礁区，尤其是上礁坡。分布于印度 - 太平洋海区，不常见。

保护及濒危等级 国家 II 级重点保护野生动物，IUCN- 近危。

156. 五边角蜂巢珊瑚 *Favites pentagona* (Esper, 1790)

同物异名 无

生长型 群体为皮壳状、亚团块状或团块状，表面有时形成不规则柱状，可形成直径达 1 m 的大型群体。

骨骼微细结构 珊瑚杯多角形排列，直径约 6 mm，杯壁较薄；隔片 3 轮，前两轮长短交替排列，第三轮发育不全，相邻隔片在杯壁上相连，隔片边缘有细齿，最内缘有齿突状的围栅瓣，围成明显的冠状；轴柱为松散的海绵状。

颜色、生境及分布 生活时颜色多变，通常为棕色或红色，口盘为绿色。多生于浅水礁区。广泛分布于印度 - 太平洋海区。

保护及濒危等级 国家 II 级重点保护野生动物，IUCN-无危。

157. 圆形角蜂巢珊瑚 *Favites rotundata* Veron, Pichon & Wijsman-Best, 1977

同物异名　圆形蜂巢珊瑚 *Favia rotundata*

生长型　群体为团块状、圆顶形或扁平形。

骨骼微细结构　珊瑚杯亚融合形或融合 - 多角形排列，珊瑚杯多边形到圆形，直径最大可达 20 mm，杯壁厚；珊瑚水螅体多肉状，有时遮盖了下面的骨骼结构，因此珊瑚杯间的沟槽细且不明显。

颜色、生境及分布　生活时为灰色、浅棕色或黄色，珊瑚杯边缘位置的颜色通常明显不同。多生于礁坡和潟湖。广泛分布于印度 - 太平洋海区。

保护及濒危等级　国家 II 级重点保护野生动物，IUCN- 近危。

158. 齿状角蜂巢珊瑚 *Favites stylifera* Yabe & Sugiyama, 1937

同物异名 无

生长型 群体为皮壳状到亚团块状。

骨骼微细结构 珊瑚杯形状不规则，直径 3 ~ 6 mm；隔片较少，其中有多个隔片在杯壁处汇合，加厚突出形成扭曲的齿突，隔片边缘有不规则的齿；围栅瓣基本不发育。

颜色、生境及分布 生活时多为浅棕色，口盘有时也呈绿色。多生于上礁坡。分布于印度洋东部和太平洋西部，不常见。

保护及濒危等级 国家 II 级重点保护野生动物，IUCN-近危。

159. 华伦角蜂巢珊瑚 *Favites valenciennesii* (Milne Edwards & Haime, 1949)

同物异名 华伦圆菊珊瑚 *Montastraea valenciennesii*

生长型 群体为亚团块状或皮壳状。

骨骼微细结构 珊瑚杯近圆形到多边形，通常为六边形，直径 8～15 mm，沟槽 - 结节发育良好；隔片 3～4 轮，长短交替排列，第一轮隔片厚且长，尤为明显，第一轮隔片底部的突起加厚围成冠状的围栅瓣，第二轮隔片有时也和轴柱相连但不形成围栅瓣，第三轮隔片更短，稍伸出。

颜色、生境及分布 生活时多为黄绿色、棕色或白色，口盘为深绿色。生于多种珊瑚礁生境，尤其是风浪强劲的生境。广泛分布于印度 - 太平洋海区，不常见。

保护及濒危等级 国家 II 级重点保护野生动物，IUCN-近危。

菊花珊瑚属 *Goniastrea* Milne Edwards & Haime, 1848

群体呈团块状或皮壳状；珊瑚杯多角形或亚沟回形排列；隔片齿细而规则；围栅瓣发育良好。

160. 艾氏菊花珊瑚 *Goniastrea edwardsi* Chevalier, 1971

同物异名 无

生长型 群体为团块状，多趋向形成球形或柱形。

骨骼微细结构 珊瑚杯多角形排列，近似多边形，直径 2.5 ～ 7 mm；杯壁厚，顶部钝圆；隔片 3 轮，第一轮稍突出，边缘有规则的细齿，几乎垂直伸至杯底，内缘底部加厚形成很大的围栅瓣，第二轮和第三轮隔片不易分辨开，其中第二轮隔片长约为第一轮的一半，第三轮隔片更短，第二轮和第三轮隔片均不突出，且不形成围栅瓣。

颜色、生境及分布 生活时为浅棕色或深棕色。多生于低潮线下的浅水区域。广泛分布于印度 - 太平洋海区，较常见。

保护及濒危等级 国家 II 级重点保护野生动物，IUCN- 无危。

161. 小粒菊花珊瑚 *Goniastrea minuta* Veron, 2000

同物异名 无

生长型 群体通常皮壳状，逐步发展为亚团块状或团块状。

骨骼微细结构 珊瑚杯融合形排列，多角形，直径 3 mm 以下，大小和形状较为均一，杯壁通常比较薄；隔片可见 3 轮，长短交替排列，第一轮隔片到达轴柱，内缘底部加厚突出形成围栅瓣，围成明显整齐的冠状。

颜色、生境及分布 生活时为淡棕色或棕绿色。多生于浅水珊瑚礁区。广泛分布于印度-太平洋海区，较常见。

保护及濒危等级 国家 II 级重点保护野生动物，IUCN-近危。

162. 梳状菊花珊瑚 *Goniastrea pectinata* (Ehrenberg, 1834)

同物异名 无

生长型 群体为亚团块状或皮壳状，群体表面多起伏不平。

骨骼微细结构 珊瑚杯不规则多边形或亚沟回形，长约 10 mm，单口道到三口道，杯壁较厚，但厚度不均匀；多数情况下珊瑚杯隔片两轮，第一轮稍突出，边缘有细齿，底部加厚围绕轴柱形成明显的冠状围栅瓣，有时第二轮隔片几乎不发育，相邻珊瑚杯的隔片在杯壁顶端交错排列。

颜色、生境及分布 生活时多为浅棕色、粉红色或深棕色，围栅瓣有时呈鲜明的荧光黄色。多生于浅水珊瑚礁生境。广泛分布于印度-太平洋海区，常见。

保护及濒危等级 国家 II 级重点保护野生动物，IUCN-无危。

163. **网状菊花珊瑚** *Goniastrea retiformis* (Lamarck, 1816)

同物异名 无

生长型 群体为团块状、扁平状、球形或柱状。

骨骼微细结构 珊瑚杯多角形，排列整齐，多为四边形到六边形，大小和形状均一，直径 3 ～ 5 mm，杯壁顶端较尖；隔片比较薄，3 轮，长短交替排列，第一轮稍突出，近乎垂直伸入杯底，末端加厚形成王冠状的围栅瓣，第二轮可能和第一轮等长或稍短，但不形成围栅瓣，相邻珊瑚杯的隔片稍错开排列。

颜色、生境及分布 生活时多为奶油色或棕色。生于各种珊瑚礁生境。广泛分布于印度 - 太平洋海区，较常见。

保护及濒危等级 国家 II 级重点保护野生动物，IUCN-无危。

164. 带刺菊花珊瑚 *Goniastrea stelligera* (Dana, 1846)

同物异名　带刺蜂巢珊瑚 *Favia stelligera*

生长型　群体为团块状或亚团块状，可形成球形、柱形、不规则山丘状或扁平状突起。

骨骼微细结构　珊瑚杯融合形排列，呈低矮的锥形，直径 2.5 ～ 3.5 mm，杯壁厚且开口相对较小；隔片 3 轮，第一轮隔片不等大，到达轴柱的隔片底部有加厚突出的围栅瓣，围成整齐明显的冠状；珊瑚肋发育良好，均匀等大，相邻珊瑚杯的珊瑚肋不相连；无性生殖方式主要为外触手芽生殖。

颜色、生境及分布　生活时为棕色或绿色。多生于浅水礁区，尤其是水动力强劲的环境。广泛分布于印度 - 太平洋海区，较常见。

保护及濒危等级　国家 II 级重点保护野生动物，IUCN-近危。

刺柄珊瑚属 *Hydnophora* Fischer von Waldheim, 1807

群体呈块状、皮壳状或树枝状；群体表面有圆锥形的小丘（monticule）或小丘融合而成的丘陵（conical colline）。

165. 腐蚀刺柄珊瑚 *Hydnophora exesa* (Pallas, 1766)

同物异名 无

生长型 群体通常为亚团块状、皮壳状或亚分枝状，同一群体内可以是上述类型的混合体，但也有群体仅为皮壳状。

骨骼微细结构 群体表面密集分布着直径约5 mm的小丘，实际为珊瑚杯的杯壁连合形成，小丘高可达8 mm，形状变化大，圆锥状或不规则的扁长形，有时小丘甚至融合形成丘陵；隔片数目不等，排列也没有一定轮次规律；绒毛状的触手白天和晚上触手均伸出。

颜色、生境及分布 生活时为奶油色或暗绿色。生于各种珊瑚礁环境，尤其是潟湖和受庇护的礁坡。广泛分布于印度-太平洋海区。

保护及濒危等级 国家II级重点保护野生动物，IUCN-近危。

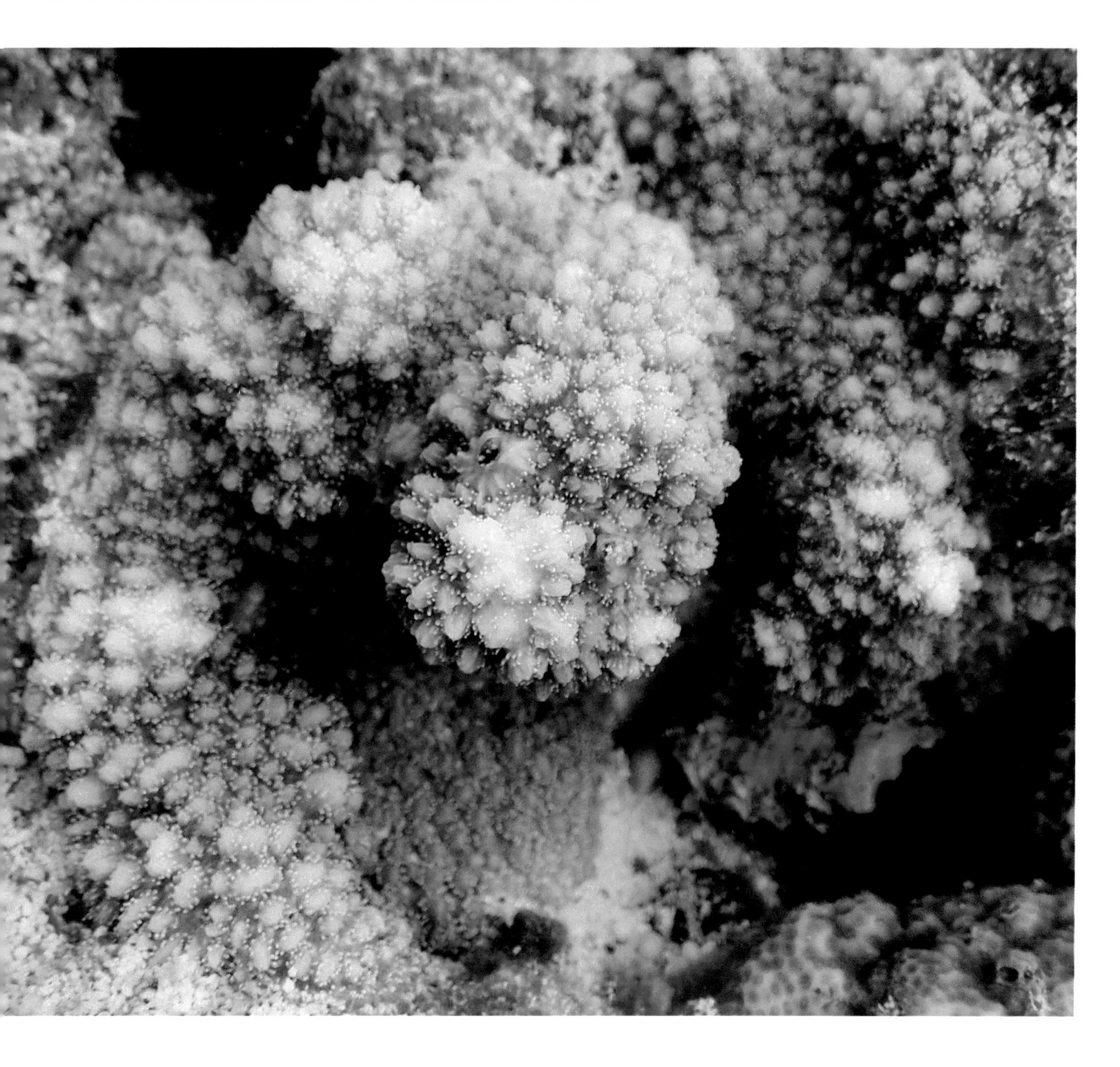

166. 小角刺柄珊瑚 *Hydnophora microconos* (Lamarck, 1816)

同物异名 无

生长型 群体为团块状，群体表面浑圆或起伏不平。

骨骼微细结构 群体表面小丘高度相等，相距基本一致，小丘为圆锥形或末端截平的圆柱状，直径 2～3 mm，小丘之间的谷较窄，宽约等于小丘直径；小丘顶端有主要隔片 6～10 个，辐射平行排列，从顶部看似星状，隔片长三角形，边缘有齿，两侧有颗粒，隔片基部和轴柱相连；轴柱为不连续、不规则板状。

颜色、生境及分布 生活时为奶油色、棕色或绿色。生于各种珊瑚礁生境，尤其是潟湖和受庇护的礁坡。广泛分布于印度 - 太平洋海区。

保护及濒危等级 国家 II 级重点保护野生动物，IUCN- 近危。

肠珊瑚属 *Leptoria* Milne Edwards & Haime, 1848

群体呈团块状或皮壳状；谷弯曲而连续，谷宽和深几乎相等；脊塍矮而坚固；轴柱由连续或间断的薄片组成。

167. 不规则肠珊瑚 *Leptoria irregularis* Veron, 1990

同物异名 无

生长型 群体为亚团块状或薄板状。

骨骼微细结构 珊瑚杯沟回形排列，形成谷，谷宽 3～4 mm，群体边缘的谷常平行排列且和边缘垂直，中央部分的谷则弯曲连续；隔片明显但不规则，边缘有不规则且较大的齿突；轴柱无中心且非薄片状。

颜色、生境及分布 生活时为浅蓝灰色或浅棕色。多生于上礁坡。分布于印度 - 太平洋海区，不常见。

保护及濒危等级 国家 II 级重点保护野生动物，IUCN-易危。

168. 弗利吉亚肠珊瑚 *Leptoria phrygia* (Ellis & Solander, 1786)

同物异名 无

生长型 群体通常为团块状、亚团块状或山脊状，表面有起伏的不规则丘状突起。

骨骼微细结构 珊瑚杯沟回形排列，谷的长短不一，谷宽小于不规则肠珊瑚，群体表面突起处的谷多发生弯曲，其他位置的谷则较直；隔片大小均匀，间距一致，排列整齐，相邻谷的隔片多相连，隔片边缘细齿状；轴柱板片状，上部边缘形成间断的分叶。

颜色、生境及分布 生活时为奶油色、棕色或绿色。生于多种珊瑚礁生境，尤其是海浪强劲的礁坪和礁坡。广泛分布于印度 - 太平洋海区。

保护及濒危等级 国家II级重点保护野生动物，IUCN- 近危。

裸肋珊瑚属 *Merulina* Ehrenberg, 1834

群体平展呈板状，薄，常有矮丘状或不规则分枝；谷长而直，稍弯曲，多分叉；隔片边缘有粗齿。

169. 阔裸肋珊瑚 *Merulina ampliata* (Ellis & Solander, 1786)

同物异名 无

生长型 群体为皮壳状或水平板状，大型群体常层层搭叠，直径达数米；群体中央部分有许多丘状突起，常发展成短而钝圆的分枝，分枝末梢多形成小分枝，并与邻近分枝交缠，也有群体仅由板状组成。

骨骼微细结构 珊瑚杯沟回形排列，形成长谷，板状部位上的谷直，长短不一，由群体中央呈扇形辐射伸出，并与边缘垂直，垂直分枝上的谷较扭曲；每个谷中有 1 ～ 10 个中心，中心之间的间距为 3 ～ 7 mm；隔片两轮，交替排列，第一轮突出程度相当，相邻珊瑚杯的隔片在杯壁融合相连。

颜色、生境及分布 生活时颜色多变，常为棕色、奶油色、蓝色或绿色。生于多种珊瑚礁环境，尤其是下礁坡和潟湖。广泛分布于印度 - 太平洋海区。

保护及濒危等级 国家 II 级重点保护野生动物，IUCN-无危。

170. 柱形裸肋珊瑚 *Merulina cylindrica* Milne Edwards & Haime, 1849

同物异名 葶叶珊瑚 *Scapophyllia cylindrica*

生长型 群体基部皮壳块状，表面生有众多的圆柱状分枝。

骨骼微细结构 珊瑚杯沟回形排列，杯壁位置形成脊塍，分枝上的脊塍连续弯曲，皮壳部分的脊塍近于平行排列并和边缘垂直分布，凸面位置的脊塍厚于凹面位置的脊塍；脊塍之间的谷弯曲而连续，宽 2 ～ 4 mm，深 3 mm；主要隔片和次要隔片交替排列，主要隔片突出程度相当，但大小不一，相连谷的隔片在杯壁位置不相连；隔片在谷底位置明显加厚，轴柱仅由少数几个隔片齿突组成。

颜色、生境及分布 生活时为奶油色或棕黄色。多生于水体稍微浑浊的生境，如岸礁、礁坡和潟湖。主要分布于印度洋东部和太平洋西部，不常见

保护及濒危等级 国家 II 级重点保护野生动物，IUCN-无危。

斜花珊瑚属 *Mycedium* Milne Edwards & Haime, 1851

群体呈板状；珊瑚杯突出且向边缘倾斜，一侧的杯壁几乎不发育，因此珊瑚杯呈鼻形；隔片 - 珊瑚肋发育良好，上有精细的装饰。

171. 象鼻斜花珊瑚 *Mycedium elephantotus* (Pallas, 1766)

同物异名 无

生长型 群体为板状或皮壳状。

骨骼微细结构 珊瑚杯直径可达 1.5 cm，鼻形，向群体边缘倾斜；隔片 3 轮，第一轮不规则突出，第三轮细而短，不形成珊瑚肋；珊瑚肋发育良好，呈肋纹状排列，不同群体隔片 - 珊瑚肋长短变化很大，珊瑚肋在杯壁位置可以特化形成复杂明显的突起，珊瑚肋起始位置没有明显的深窝。

颜色、生境及分布 生活时为棕色、绿色、灰色或粉红色，口盘多为绿色、灰色或红色。多生于受庇护的珊瑚礁生境。广泛分布于印度 - 太平洋海区，常见。

保护及濒危等级 国家 II 级重点保护野生动物，IUCN- 无危。

耳纹珊瑚属 *Oulophyllia* Milne Edwards & Haime, 1848

群体呈团块状；珊瑚杯沟回形排列，单口道中心或多口道中心；谷宽可达 2 cm，边缘多齿，围栅瓣多发育。

172. 贝氏耳纹珊瑚 *Oulophyllia bennettae* (Veron, Pichon & Wijsman-Best, 1977)

同物异名 无

生长型 群体为团块状或皮壳状。

骨骼微细结构 珊瑚杯多角形排列，呈多边形，直径平均 10 mm，一些珊瑚杯偶尔延长成沟回形，有 2 ～ 3 个口道；隔片两轮，第二轮常不可见，第一轮明显而突出，间距大，边缘锯齿状，有大而圆的齿突，底部多形成围栅瓣，相邻珊瑚杯的隔片在杯壁位置融合并明显向上突出。

颜色、生境及分布 生活时多为均一的颜色，灰色或棕色，口盘有时呈灰绿色。生于多种珊瑚礁生境，尤其是上礁坡。广泛分布于印度 - 太平洋海区，不常见，但是在水下较为显眼且容易辨认。

保护及濒危等级 国家 II 级重点保护野生动物，IUCN- 近危。

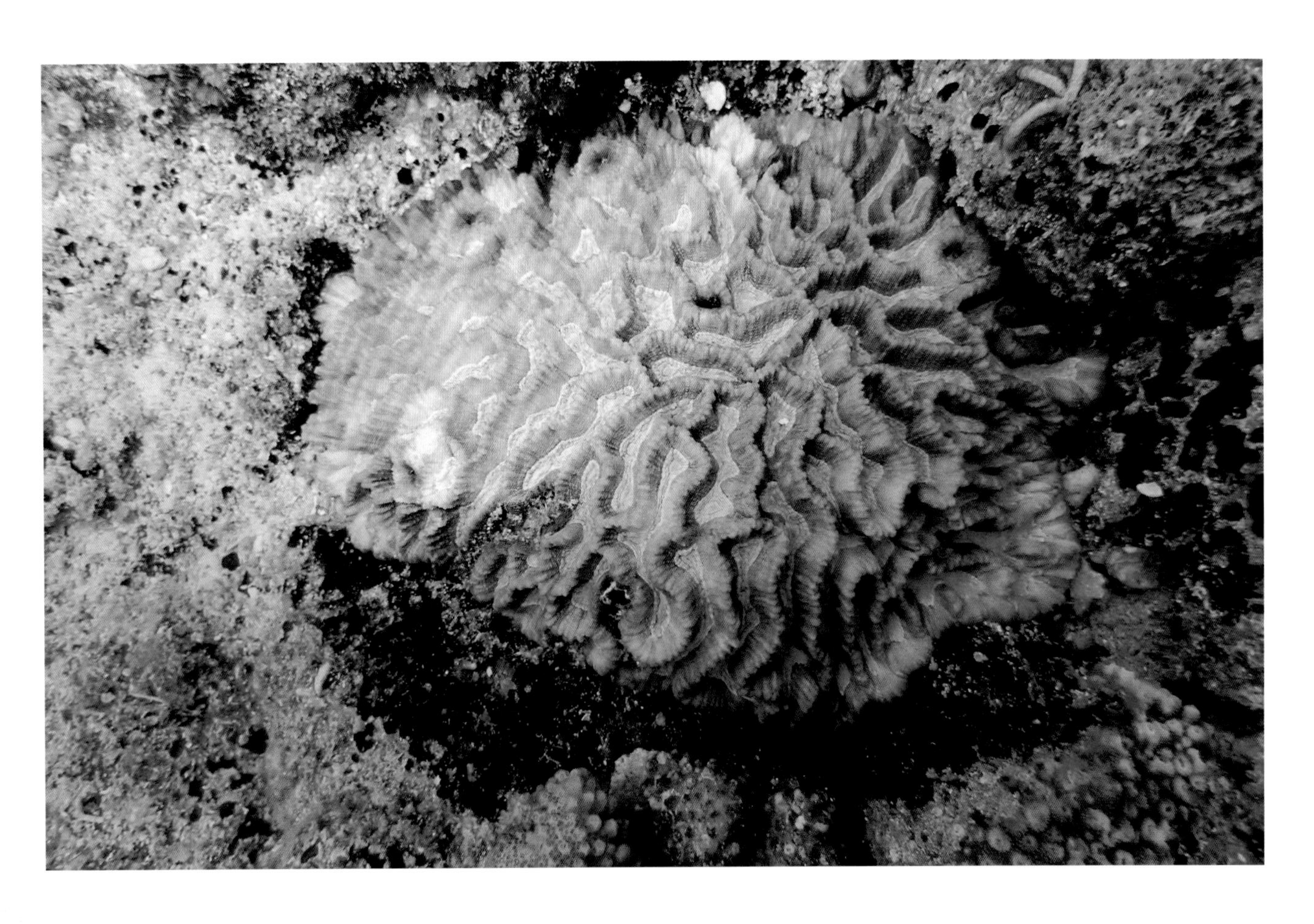

173. 卷曲耳纹珊瑚 *Oulophyllia crispa* (Lamarck, 1816)

同物异名 无

生长型 群体为团块状、半球形或厚板状，单个群体直径可超过 1 m。

骨骼微细结构 珊瑚杯沟回形排列，常有多个口道，谷相对较短，呈“V”形，宽可达 20 mm，杯壁厚度不一；隔片薄，2～3 轮，排列规整紧凑，隔片边缘有细齿，底部有时形成围栅瓣；轴柱发育不良。

颜色、生境及分布 生活时为灰色、奶油色或棕色。生于多种珊瑚礁生境，尤其是潟湖。广泛分布于印度 - 太平洋海区，但不常见。

保护及濒危等级 国家 II 级重点保护野生动物，IUCN-近危。

174. 平滑耳纹珊瑚 *Oulophyllia levis* (Nemenzo, 1959)

同物异名 无

生长型 群体为厚板状或半球形。

骨骼微细结构 珊瑚杯沟回形排列，有多个口道；群体边缘的谷多和边缘垂直，而中央部分的谷则呈弯曲蜿蜒状，谷相对较短，呈“V”形，宽可达 20 mm，顶端较尖；隔片大小和排列整齐规则，轴柱不发育或发育不良。

颜色、生境及分布 生活时为棕绿色或棕黄色，谷底颜色通常和杯壁明显不同。生于多种珊瑚礁生境。分布于印度 - 太平洋海区，但不常见。

保护及濒危等级 国家 II 级重点保护野生动物，IUCN- 无危。

拟菊花珊瑚属 *Paragoniastrea* Huang, Benzoni & Budd, 2014

群体呈板状或团块状；珊瑚杯多角形或沟回形排列；隔片边缘有细齿，围栅瓣发育良好；无性生殖方式为外触手芽或内触手芽生殖。

175. 澳洲拟菊花珊瑚 *Paragoniastrea australensis* (Milne Edwards & Haime, 1857)

同物异名 澳洲菊花珊瑚 *Goniastrea australensis*

生长型 群体为亚团块形，形成坚实的板状或皮壳状。

骨骼微细结构 珊瑚杯沟回形排列，形成迂回弯曲的谷，谷的长度和形状变化较大，但以长谷为主，谷宽约 8 mm；隔片大小及排列均匀，边缘有小细齿；轴柱中心明显，隔片底部突起加厚形成发育良好的围栅瓣。

颜色、生境及分布 生活时多为暗绿色或暗褐色，有时谷和杯壁颜色不同。多生于清澈的浅水珊瑚礁生境。广泛分布于印度 - 太平洋海区，在亚热带海区有时较为常见。

保护及濒危等级 国家 II 级重点保护野生动物，IUCN- 无危。

176. 罗素拟菊花珊瑚 *Paragoniastrea russelli* (Wells, 1954)

同物异名 罗素角蜂巢珊瑚 *Favites russelli*

生长型 群体为板状、亚团块状或皮壳状，表面相对扁平或扭曲起伏。

骨骼微细结构 珊瑚杯稍微突出，圆形或卵圆形，相邻珊瑚杯之间间隔 1.0 ～ 2.5 mm，珊瑚杯直径 5 ～ 10 mm，杯壁厚度不一；隔片总数约 24 个，隔片边缘有明显的粗糙齿突，第一轮尤其厚且突出，内缘垂直伸至杯底后形成围栅瓣，围栅瓣和隔片底部之间有明显的缺刻；轴柱小而致密，海绵状。

颜色、生境及分布 生活时颜色为绿色、棕色或杂色。生于多种珊瑚礁生境。广泛分布于印度 - 太平洋海区，不常见。

保护及濒危等级 国家 II 级重点保护野生动物，IUCN-近危。

拟圆菊珊瑚属 *Paramontastraea* Huang & Budd, 2014

群体呈团块状；珊瑚杯和隔片形态较为均一，围栅瓣发育良好；共骨上有细刺突；外触手芽生殖。

177. 粗糙拟圆菊珊瑚 *Paramontastraea salebrosa* (Nemenzo, 1959)

同物异名　粗糙圆菊珊瑚 *Montastraea salebrosa*

生长型　群体为团块状，多呈球形。

骨骼微细结构　珊瑚杯圆形，稍突出，直径 3 ～ 4 mm，排列紧凑且杂乱，朝向不同，杯壁厚；隔片规整分布，大小交替排列，隔片和珊瑚肋边缘布满珠状细齿；围栅瓣明显，由隔片底部的刺突加厚围成冠状。

颜色、生境及分布　生活时多为褐色、淡蓝色或奶油色。多生于浅水珊瑚礁环境，尤其礁坪和潟湖。分布于印度洋东部和太平洋西部，偶见种。

保护及濒危等级　国家 II 级重点保护野生动物，IUCN- 易危。

梳状珊瑚属 *Pectinia* Blainville, 1825

群体为薄板状、叶片状到亚树木状，其上布满高而尖的不规则脊塍，谷短而宽；珊瑚杯分布不规则。

178. 莴苣梳状珊瑚 *Pectinia lactuca* (Pallas, 1766)

同物异名　无

生长型　群体为花瓣叶片状，常形成直径 1 m 的大群体。

骨骼微细结构　珊瑚杯沟回形排列，谷弯曲而连续，辐射状，可从群体中心一直延伸至边缘，谷宽可达 5 cm，深 2 ~ 4.5 cm；脊塍薄，垂直，高度几乎相等，上边缘缺刻状因此显得粗糙；隔片由脊塍部位一直延伸至谷底，隔片宽 3 mm，相隔 2 ~ 4 mm，隔片光滑或少数隔片上有不规则的齿；谷底的珊瑚杯无明显的位置，轴柱发育不良。

颜色、生境及分布　生活时为棕色、灰色或绿色。生于各种珊瑚礁生境，尤其是下礁坡和浑浊的生境。广泛分布于印度 - 太平洋海区。

保护及濒危等级　国家 II 级重点保护野生动物，IUCN- 易危。

扁脑珊瑚属 *Platygyra* Ehrenberg, 1834

群体呈扁平或拱形的块状；珊瑚杯沟回形排列，脊塍薄，尖而有孔，谷长短变化较大；无围栅瓣；轴柱为连续的缠结小梁组成，无中心。

179. 尖边扁脑珊瑚 *Platygyra acuta* Veron, 2000

同物异名 无

生长型 群体多为团块状或低矮的亚团块状。

骨骼微细结构 珊瑚杯沟回形排列，形成弯曲而迂回的谷，谷宽约 5 mm，长短不一，常可见平行排列的直谷；杯壁薄，顶端极其尖锐；隔片排列均匀，突出程度相当，隔片边缘粗糙而参差不齐；轴柱发育良好，但不形成明显的中心。

颜色、生境及分布 生活时多为灰棕色，谷颜色多呈绿色。生于多种珊瑚礁生境。分布于印度 - 太平洋海区，有时较常见。

保护及濒危等级 国家 II 级重点保护野生动物，IUCN-近危。

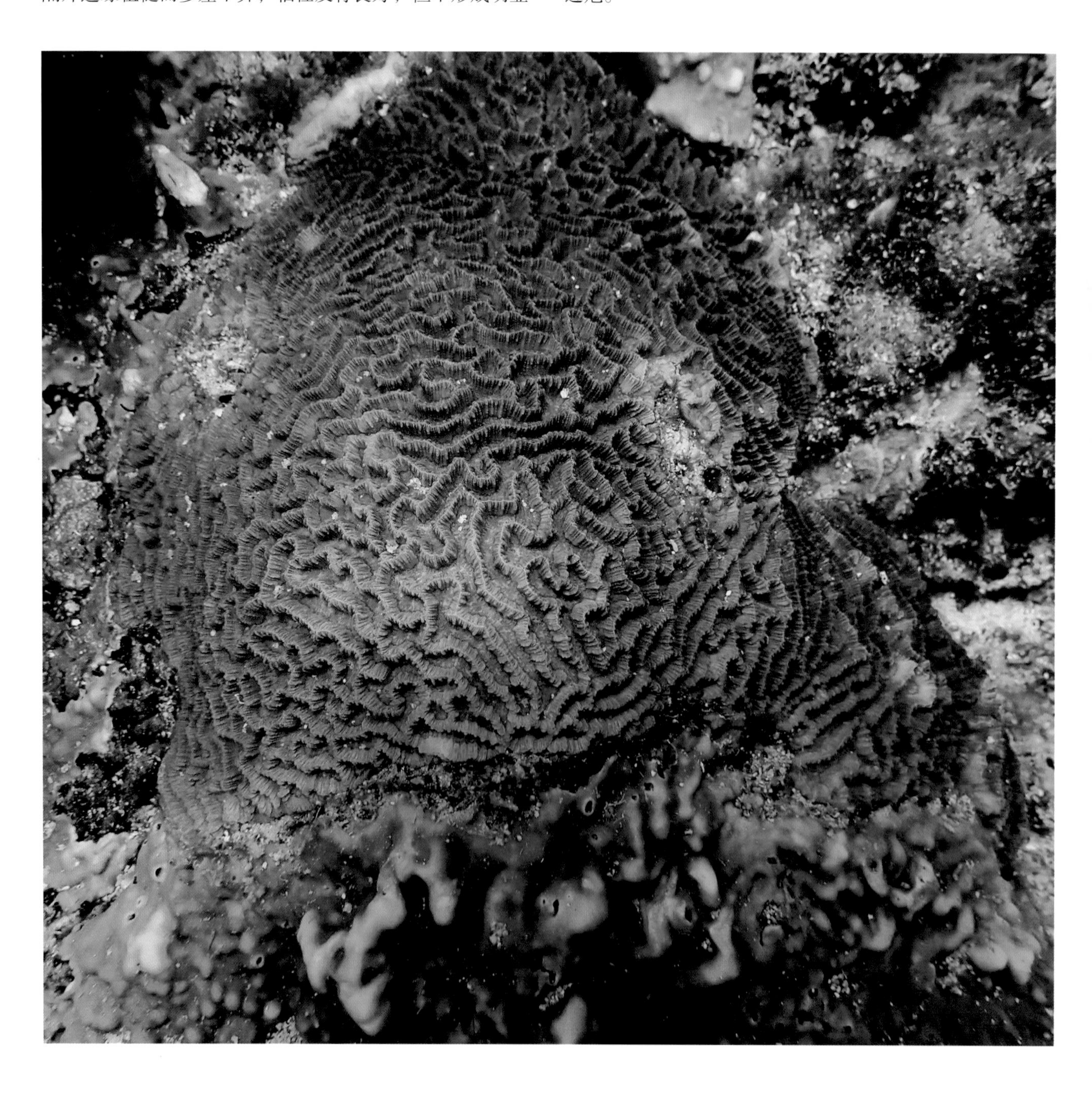

180. 交替扁脑珊瑚 *Platygyra crosslandi* (Matthai, 1928)

同物异名 无

生长型 群体为团块状，有时也形成厚板状。

骨骼微细结构 珊瑚杯呈短的沟回形或多角形排列，谷较短，稍弯曲，长一般不超过 1 cm；杯壁厚，顶部钝圆，上无缺刻或裂缝；隔片突出程度相当，上有不规则的齿突，显得粗糙；轴柱一般发育良好，由松散的小梁交织而成。

颜色、生境及分布 生活时为棕色、土黄色或棕绿色，口盘颜色多为灰白色或绿色。生于多种珊瑚礁生境。分布于印度 - 太平洋海区，常见。

保护及濒危等级 国家 II 级重点保护野生动物，IUCN-近危。

181. 精巧扁脑珊瑚 *Platygyra daedalea* (Ellis & Solander, 1786)

同物异名 无

生长型 群体为圆形或扁平的团块状，有时皮壳状。

骨骼微细结构 珊瑚杯沟回形排列，多数谷长且曲折迂回，偶尔也有短谷，杯壁薄且上有缺刻或裂缝；隔片较为突出，因末端有不规则尖齿因而显得粗糙；轴柱发育不良，中心不明显。

颜色、生境及分布 生活时颜色多变，常为亮色，如杯壁棕色而谷为灰色或绿色。生于多种珊瑚礁生境，尤其是礁后区。广泛分布于印度 - 太平洋海区。

保护及濒危等级 国家 II 级重点保护野生动物，IUCN- 近危。

182. 片扁脑珊瑚 *Platygyra lamellina* (Ehrenberg, 1834)

同物异名 无

生长型 群体为团块状，多为圆形或扁平，表面有时也形成结节状的小丘。

骨骼微细结构 珊瑚杯沟回形排列，谷弯曲迂回且延长，凹面上的谷则相对较短；杯壁通常很厚，为谷宽的 1～1.5 倍；隔片大小、间距及排列整齐，轮次不明显，隔片稍突出且在杯壁顶部相连。

颜色、生境及分布 生活时颜色多样，常为均一的棕色或棕色杯壁杂以绿色或灰色的谷。生于多种珊瑚礁生境，尤其是礁坡或礁后区。广泛分布于印度 - 太平洋海区。

保护及濒危等级 国家 II 级重点保护野生动物，IUCN-近危。

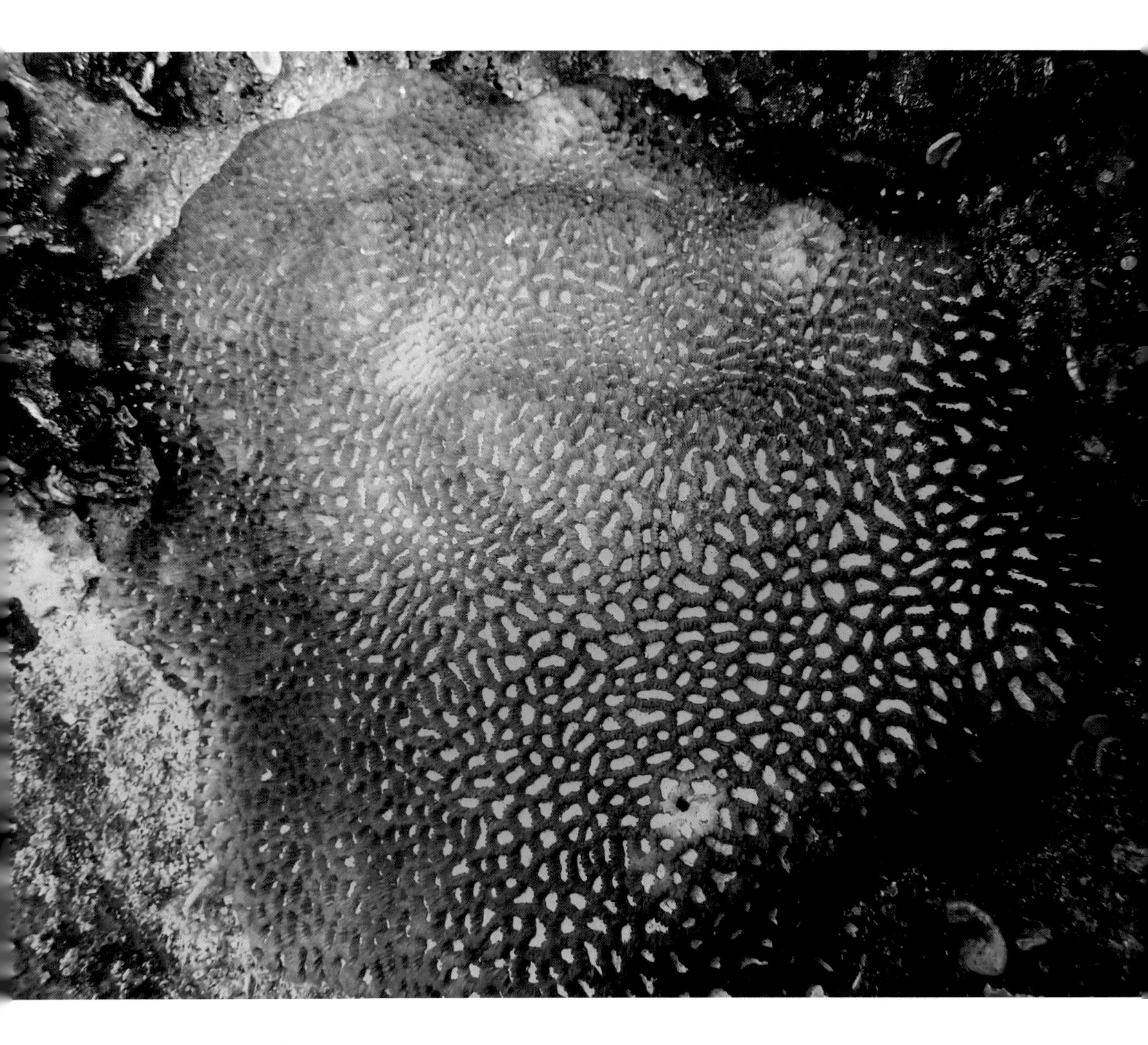

183. 小扁脑珊瑚 *Platygyra pini* Chevalier, 1975

同物异名 无

生长型 群体为圆形或扁平的团块状，有时也呈皮壳状。

骨骼微细结构 珊瑚杯多角形或略呈沟回形排列，多弯曲形成短谷，通常有1～2个中心；杯壁较厚，但变化较大；隔片有时也加厚，隔片边缘有细齿，隔片齿有时形成水平的小板；围栅瓣有时发育；轴柱通常发育良好。

颜色、生境及分布 生活时为棕灰色、灰绿色或棕黄色，谷为奶油色或灰色。多生于浅水礁区。广泛分布于印度-太平洋海区，不常见。

保护及濒危等级 国家II级重点保护野生动物，IUCN-无危。

184. 琉球扁脑珊瑚 *Platygyra ryukyuensis* Yabe and Sugiyama, 1935

同物异名 无

生长型 群体为团块状。

骨骼微细结构 珊瑚杯弯曲沟回状排列，通常为短谷，有时甚至单中心，谷很窄，宽 3 ~ 4.5 mm，杯壁很薄；隔片 - 珊瑚肋大小不规则，边缘有不规则的齿突；围栅瓣不发育；轴柱明显。

颜色、生境及分布 生活时为深棕色、灰色或绿色，通常杯壁和谷的颜色明显不同。多生于浅水珊瑚礁区。分布于印度 - 太平洋海区，不常见。

保护及濒危等级 国家 II 级重点保护野生动物，IUCN- 近危。

185. 中华扁脑珊瑚 *Platygyra sinensis* (Milne Edwards & Haime, 1849)

同物异名 无

生长型 群体为团块状或球状，偶尔也呈扁平状。

骨骼微细结构 珊瑚杯沟回形排列，通常形成迂回弯曲平行排列的长谷，也有单口道的短谷；杯壁薄，顶端尖；隔片薄而稍突出，间距等大，边缘有细齿；轴柱发育不良，主要由小梁交缠而成，长谷的中心不明显。

颜色、生境及分布 生活时颜色多样，常为黄色或棕色。生于多种珊瑚礁生境，尤其是礁后区。广泛分布于印度 - 太平洋海区。

保护及濒危等级 国家 II 级重点保护野生动物，IUCN- 无危。

186. **小业扁脑珊瑚** *Platygyra verweyi* Wijsman-Best, 1976

同物异名 无

生长型 群体为团块状。

骨骼微细结构 珊瑚杯多角形到亚沟回形排列，杯壁通常薄而尖；隔片也薄且间距基本一致；轴柱不发育。

颜色、生境及分布 生活时为均一的棕色或灰色，但有时杯壁和谷的颜色明显不同。多生于礁坪和上礁坡。广泛分布于印度 - 太平洋海区，不常见。

保护及濒危等级 国家 II 级重点保护野生动物，IUCN- 近危。

187. 八重山扁脑珊瑚 *Platygyra yaeyamaensis* (Eguchi & Shirai, 1977)

同物异名 无

生长型 群体为皮壳状或亚团块状。

骨骼微细结构 多数珊瑚杯为单口道中心，尤其是群体中央部位；隔片突出，上有不规则小齿因而显得尤为粗糙；轴柱中心不明显。

颜色、生境及分布 生活时为棕色或奶油色，谷为绿色或奶油色。生于各种珊瑚礁生境。主要分布于印度洋东部和太平洋西部。

保护及濒危等级 国家II级重点保护野生动物，IUCN-易危。

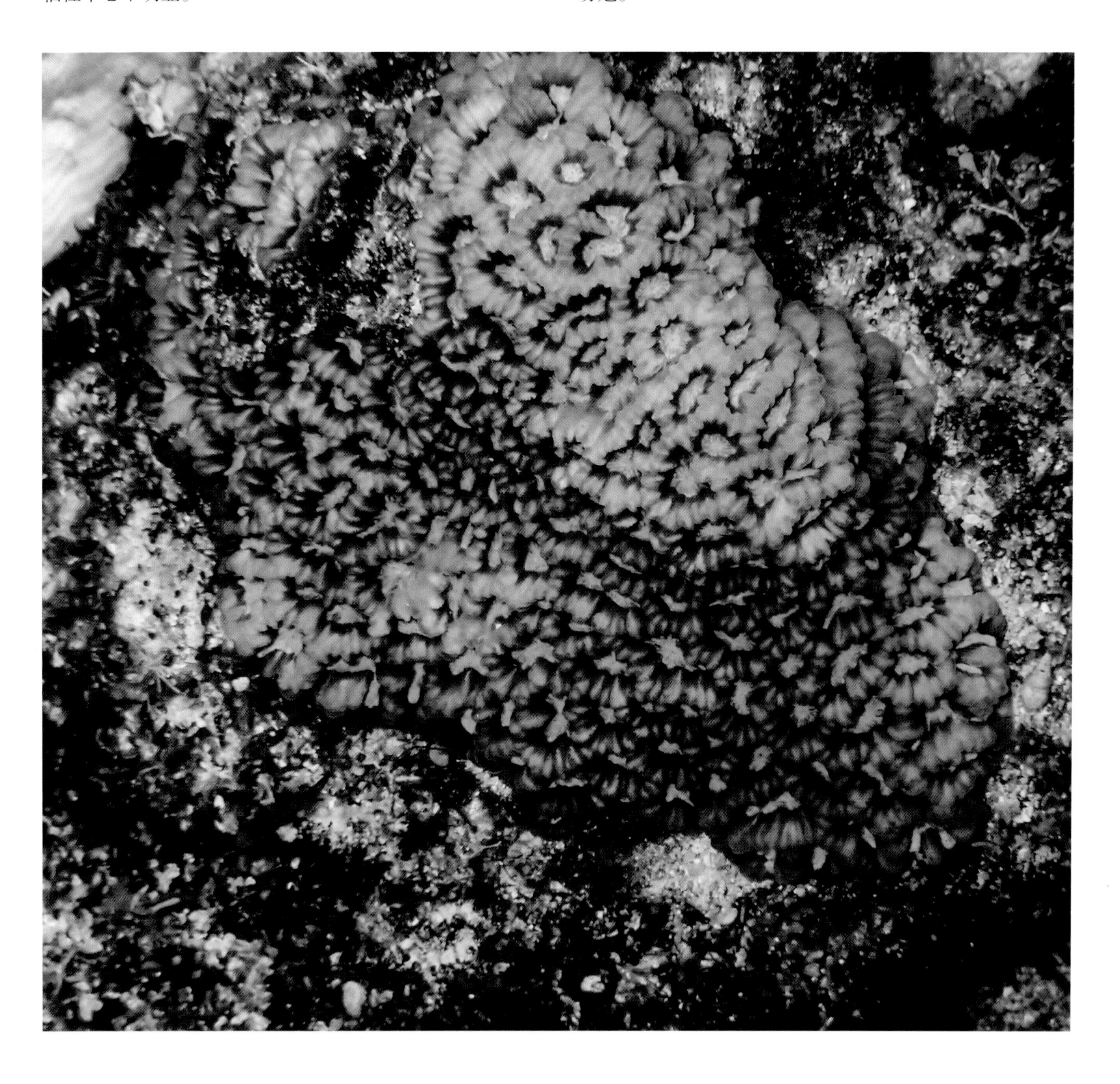

同星珊瑚科

Plesiastreidae Dai & Horng, 2009

同星珊瑚科仅包括同星珊瑚属的多孔同星珊瑚，且其为本科的模式属。

同星珊瑚属 *Plesiastrea* Milne Edwards & Haime, 1848

珊瑚杯亚多角形到融合形排列，圆形；围栅瓣发育良好；外触手芽生殖。

188. 多孔同星珊瑚 *Plesiastrea versipora* (Lamarck, 1816)

同物异名 无

生长型 群体为浑圆的团块状、扁平皮壳状或叶状。

骨骼微细结构 珊瑚杯近多角形或融合形排列，排列紧密，圆形或椭圆形，直径 2 ～ 4 mm，稍突出，相邻珊瑚杯之间有细沟槽相隔；隔片 3 轮，前两轮大小相似不易分辨，第三轮则较短；隔片内缘底部有厚片状或棒状突起，围绕轴柱形成整齐的围栅瓣，隔片和围栅瓣上有许多小颗粒；珊瑚肋突出明显，边缘齿状；轴柱小，由海绵状小梁组成。

颜色、生境及分布 生活时为奶油色、棕色或绿色，触手较短，有两种大小，交替排列，白天有时也伸出。生于多种珊瑚礁生境，尤其是深水礁坡或较为遮蔽的生境。广泛分布于印度 - 太平洋海区。

保护及濒危等级 国家 II 级重点保护野生动物，IUCN- 无危。

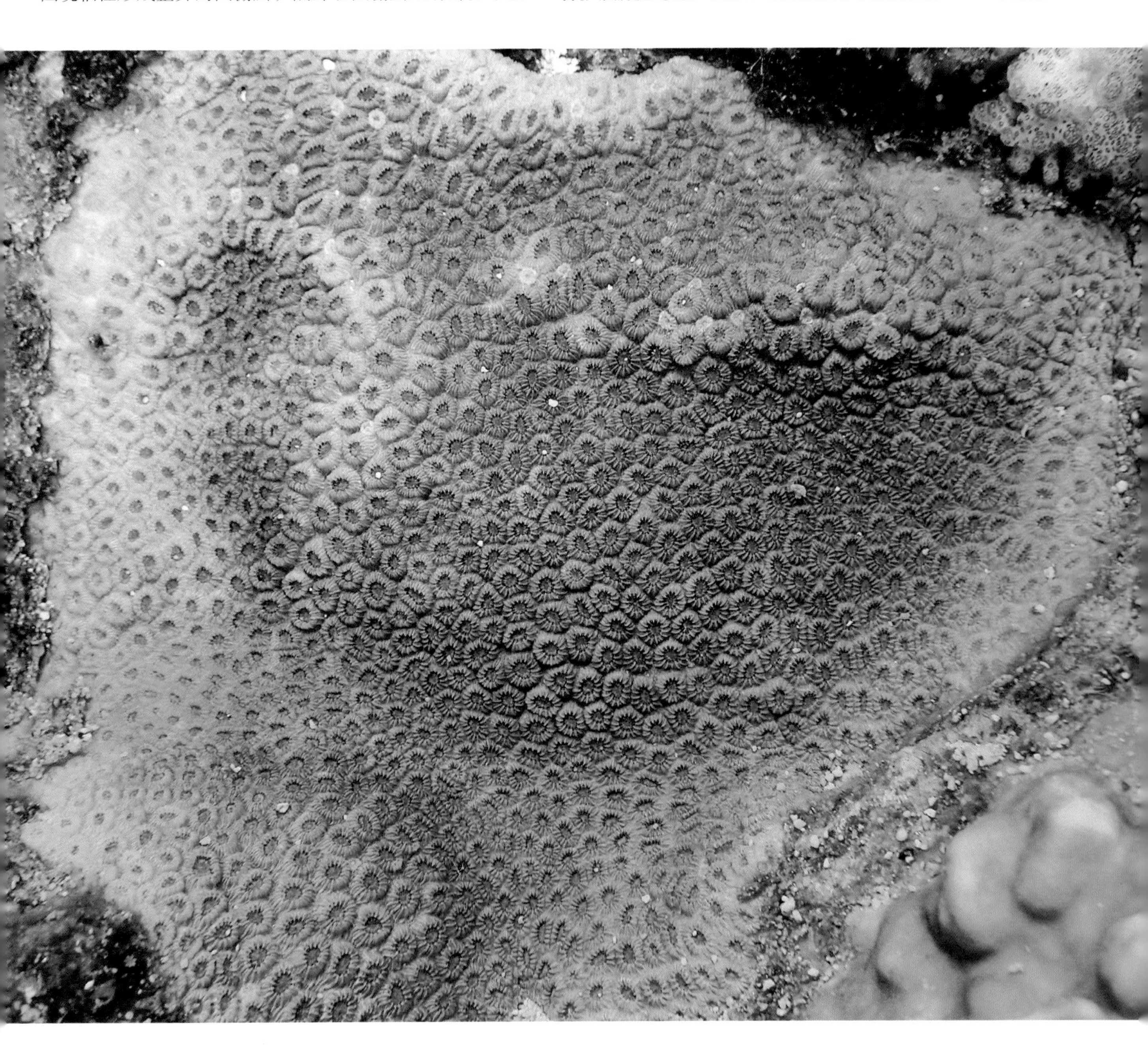

杯形珊瑚科

Pocilloporidae Gary, 1842

杯形珊瑚科是印度 - 太平洋海区广布且重要的造礁珊瑚类群，共包括 3 个属，即杯形珊瑚属 *Pocillopora*、排孔珊瑚属 *Seriatopora* 和柱状珊瑚属 *Stylophora*。杯形珊瑚生长型主要为分枝状，珊瑚杯直径小，为 1 ～ 2 mm；隔片 1 ～ 2 轮，多有轴柱发育，隔片呈刺状或薄板状，某些种类隔片和柱状的轴柱融合相连；共骨上布满小刺。这一类珊瑚通常是生态演替过程的先锋物种，在受干扰后的或新出现的生境中往往最先附着生长，扮演先驱者的角色。

杯形珊瑚属 *Pocillopora* Lamarck, 1816

群体分枝状，分枝表面布满疣突；珊瑚杯位于疣突之间或其上。

189. 鹿角杯形珊瑚 *Pocillopora damicornis* (Linnaeus, 1758)

同物异名 无

生长型 群体由树枝状分枝和小枝簇生而成，整体形态随环境的变化，有很强的可塑性，当生于海浪强劲的生境时分枝较为紧凑密集且粗壮，而生于深水区或者隐蔽生境时分枝瘦长且分散。

骨骼微细结构 本种的典型特征是疣突即为小枝，二者之间呈现为过渡类型，无明显区分；小枝不规则且分散，末梢钝圆，其上的珊瑚杯呈卵圆形，直径约为 1 mm；珊瑚杯内部多缺乏骨骼结构，偶可见发育不全的两轮隔片以及微突瘤状的轴柱。

颜色、生境及分布 生活时为淡棕色、绿色或粉红色。多生于浅水生境。广泛分布于印度 - 太平洋海区，通常是珊瑚礁生态演替中的先锋种。

保护及濒危等级 国家 II 级重点保护野生动物，IUCN- 无危。

190. 埃氏杯形珊瑚 *Pocillopora eydouxi* Milne Edwards, 1860

同物异名 无

生长型 群体由粗壮、直立向上的分枝构成，群体直径常大于 1 m，而且可形成大片的单种群；主枝末端接近圆柱形，末端宽而扁；分枝表面有密集且均匀分布的疣状突起，疣突直径 2～3 mm，高度 1.5～2.5 mm，分枝末端通常少疣突。

骨骼微细结构 分枝末端的珊瑚杯圆形，无内部结构发育；往下的珊瑚杯内多有复杂的微细结构，如隔片和刺状轴柱，杯壁周围多小刺。

颜色、生境及分布 生活时多为绿色、棕色或浅粉色。生于多种珊瑚礁生境，尤其是海流或风浪强劲的礁前区。广泛分布于印度 - 太平洋海区。

保护及濒危等级 国家 II 级重点保护野生动物，IUCN-近危。

191. 多曲杯形珊瑚 *Pocillopora meandrina* Dana, 1846

同物异名 无

生长型 群体是由大小不一的分枝组成的灌丛，整体呈半球状，分枝间距基本等大，基部相对较窄，末端为扁平卷曲的片状；与疣状杯形珊瑚相比，疣小且分布整齐，疣突直径 2.5 mm，高 3 mm。

骨骼微细结构 珊瑚杯圆形或多边形，直径约 1 mm；隔片及轴柱无或发育不全。

颜色、生境及分布 生活时为奶油色、粉红色或淡黄色。多生于受海浪影响较大的浅水礁区。广泛分布于印度 - 太平洋海区。

保护及濒危等级 国家 II 级重点保护野生动物，IUCN- 无危。

192. 疣状杯形珊瑚 *Pocillopora verrucosa* (Ellis & Solander, 1786)

同物异名 无

生长型 群体多由直立向上的分枝形成的灌丛状，群体的主枝大小和形状相似，通常无蔓延枝；分枝与小枝上的疣突多，尤其是末端部分，疣突很明显，直径 3 ～ 7 mm，高 2 ～ 6 mm，疣突大小形状不一，有圆锥形、渐细或圆形，因此表面显得粗糙，白化之后主枝末端呈铁锈般的红棕色。

骨骼微细结构 分枝基部的珊瑚杯圆形，末端珊瑚杯多边形，直径 0.5 ～ 1 mm；隔片或为简单的垂直脊状隆起或成排而列的细刺，轴柱无或为微瘤突。

颜色、生境及分布 生活时常为棕褐色和粉红色。多生于浅水礁区，尤其是礁斜坡浪大处。广泛分布于印度 - 太平洋海区。

保护及濒危等级 国家 II 级重点保护野生动物，IUCN- 无危。

193. 伍氏杯形珊瑚 *Pocillopora woodjonesi* Vaughan, 1918

同物异名 无

生长型 群体形状不规则，直径最大可达 1 m，由许多分枝从基底匍匐而出向外伸展，分枝侧扁，末端趋于扁平桨状或弯曲板状。

骨骼微细结构 分枝顶端的珊瑚杯圆形，直径约 0.7 mm，无内部骨骼结构；分枝侧面的珊瑚杯略大，内有两轮隔片及刺状轴柱，其中有 1 ～ 2 个隔片很明显，和轴柱相连；共骨上布满小刺。

颜色、生境及分布 生活时为棕色或粉红色。多生于上礁坡浪大的生境。广泛分布于印度 - 太平洋海区。

保护及濒危等级 国家 II 级重点保护野生动物，IUCN-无危。

沙珊瑚科

Psammocoridae Chevalier & Beauvais, 1987

沙珊瑚科仅包括沙珊瑚属 *Psammocora*，原隶属于铁星珊瑚科 Siderastreidae，由于其骨骼微形态的独特结构和分子进化差异，将沙珊瑚属提升成为沙珊瑚科 Psammocoridae。

沙珊瑚属 *Psammocora* Dana, 1846

群体多为团块状、柱状、皮壳状或板状；珊瑚杯小而浅，有时连成短谷；杯壁不明显，一些初级隔片 - 珊瑚肋被围在次级隔片 - 珊瑚肋内部，呈镶嵌的花瓣状，形成本属特有结构，称为闭合花瓣隔片（enclosed petaloid septum）；隔片 - 珊瑚肋边缘布满细颗粒。

194. 海氏沙珊瑚 *Psammocora haimiana* Milne Edwards & Haime, 1851

同物异名　指形沙珊瑚 *Psammocora digitata*

生长型　群体为皮壳状或亚团块板状，其上多长出直立柱状或不规则板状的突起，横截面多为椭圆形，末端钝圆。

骨骼微细结构　珊瑚杯小，直径 2 ～ 3.3 mm，浅窝状但很明显，偶尔连成短谷，但一般不超过 4 个珊瑚杯；隔片 7 ～ 10 个，到达杯中心，其中 3 ～ 5 个呈花瓣形，非花瓣形隔片在外缘一侧分叉并和邻近的非花瓣形隔片融合围住花瓣形隔片，形成致密的网状结构，相近珊瑚杯之间通常有 1 ～ 2 行闭合花瓣形隔片相隔；轴柱小而不明显，锥形小梁。

颜色、生境及分布　生活时为灰色、棕色或紫色。生于多种珊瑚礁生境。广泛分布于印度 - 太平洋海区。

保护及濒危等级　国家 II 级重点保护野生动物，IUCN-濒危。

195. 不等脊塍沙珊瑚 *Psammocora nierstraszi* Van der Horst, 1921

同物异名 无

生长型 群体为皮壳状到亚团块状，表面光滑或有丘突状隆起，形态主要随着生长基底而变化。

骨骼微细结构 珊瑚杯直径约 1 mm，形成迂回弯曲的谷，谷长短不一且无明显的界限，通常有 5 ～ 8 个隔片到达杯中心，其中约有 4 个呈花瓣状，形似苹果种子，此类隔片在珊瑚杯之间有多排，而且较突出，因此群体表面粗糙刺状；杯壁清晰可见，有时甚至隆起形成尖的山顶状脊塍；轴柱为简单的柱状。

颜色、生境及分布 生活时为灰色、棕色、奶油色或绿色。多生于海流强劲的珊瑚礁区。广泛分布于印度 - 太平洋海区。

保护及濒危等级 国家 II 级重点保护野生动物，IUCN- 无危。

196. 深室沙珊瑚 *Psammocora profundacella* Gardiner, 1898

同物异名 浅薄沙珊瑚 *Psammocora superficialis*、血红沙珊瑚 *Psammocora haimeana*

生长型 群体通常为团块状，有时也为皮壳状或板状。

骨骼微细结构 珊瑚杯小而浅，直径 2 ～ 3 mm，单独分布或形成 2 ～ 3 个珊瑚杯的短谷，脊塍不明显或高而尖，上边缘或钝圆或尖；由于发生融合，隔片数目由边缘至中间逐步减少，通常仅有 8 ～ 13 个到达杯中心，3 ～ 6 个呈花瓣形，隔片边缘齿状而两侧有颗粒；合隔桁杯壁；轴柱不发育或仅为多个不规则小突起，由隔片内缘隆起的小颗粒形成。

颜色、生境及分布 生活时为灰色、奶油色、粉红色、棕色或褐色，杯中心部位深色。多生于浅水珊瑚礁生境。广泛分布于印度 - 太平洋海区。

保护及濒危等级 国家 II 级重点保护野生动物，IUCN- 无危。

小星珊瑚科

Leptastreidae Rowlett, 2020

小星珊瑚属 *Leptastrea* 原未定科，现已修订为小星珊瑚科。

小星珊瑚属 *Leptastrea* Milne Edwards & Haime, 1849

群体为皮壳状或团块状；珊瑚杯多边形或圆柱形，珊瑚杯之间有槽；共骨坚实；轴柱为乳突状突起。

197. 白斑小星珊瑚 *Leptastrea pruinosa* Crossland, 1952

同物异名 无

生长型 群体通常为扁平皮壳状，有时团块状，表面通常光滑无突起。

骨骼微细结构 珊瑚杯形状不规则，亚多角形或亚融合形排列，大小相近且紧密平均地分布于群体，珊瑚杯之间有一条细沟；隔片 4 轮，大小不一，第一轮大而明显，隔片边缘和两侧颗粒状。

颜色、生境及分布 生活时为棕色或紫色，口盘为白色或绿色，水螅体和触手白天常伸出。多生于浅水珊瑚礁区。广泛分布于印度 - 太平洋海区。

保护及濒危等级 国家 II 级重点保护野生动物，IUCN-无危。

198. 紫小星珊瑚 *Leptastrea purpurea* (Dana, 1846)

同物异名 无

生长型 群体为皮壳状或团块状，表面通常较平坦。

骨骼微细结构 珊瑚杯多边形，亚多角形或亚融合形排列，珊瑚杯之间有时有沟槽；杯壁的厚度变化较大，同一群体内珊瑚杯的大小和形状多变，直径 2～11 mm；隔片排列规则且紧凑，第一轮通常长而厚，侧面布满明显的小颗粒，内边缘以相同坡度降低至杯底；珊瑚肋发育不良，珊瑚杯之间由光滑的白色狭带隔开。

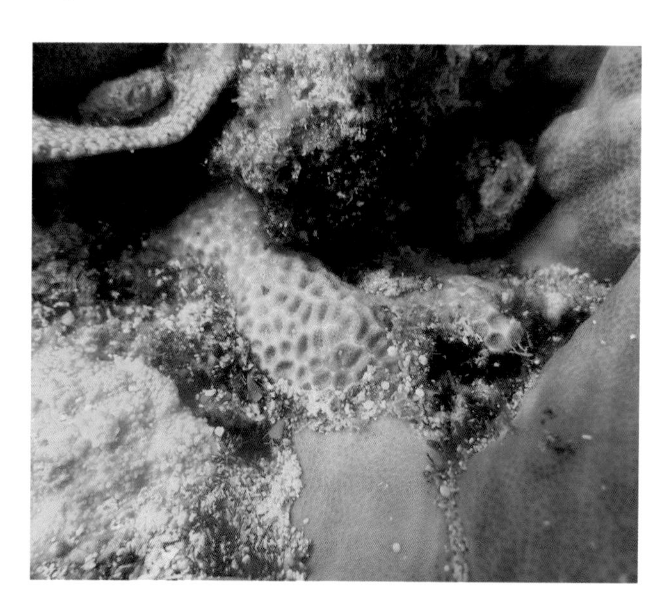

颜色、生境及分布 生活时为浅黄色、粉红色、绿色或奶油色，口盘有时为绿色，触手白天常伸出。生于各种珊瑚礁生境。广泛分布于印度 - 太平洋海区，常见。

保护及濒危等级 国家 II 级重点保护野生动物，IUCN-无危。

199. 横小星珊瑚 *Leptastrea transversa* Klunzinger, 1879

同物异名　无

生长型　群体为皮壳状，表面较光滑。

骨骼微细结构　珊瑚杯多角形，杂以少部分圆形或卵圆形珊瑚杯，珊瑚杯之间有细沟槽隔开，珊瑚杯大小不一，直径 2 ～ 9 mm；隔片 4 ～ 5 轮，不完全，排列较为稀疏，隔片边缘有小齿，两侧有颗粒，第一轮隔片大且稍突出，有时加厚，底部连于轴柱，在近轴柱位置隔片几乎垂直下降至杯底；轴柱为小梁交缠而成的海绵状。

颜色、生境及分布　生活时多为浅灰色、浅褐色、棕色或绿色，白天部分触手伸出。生于多数珊瑚礁生境。广泛分布于印度 - 太平洋海区。

保护及濒危等级　国家 II 级重点保护野生动物，IUCN- 无危。

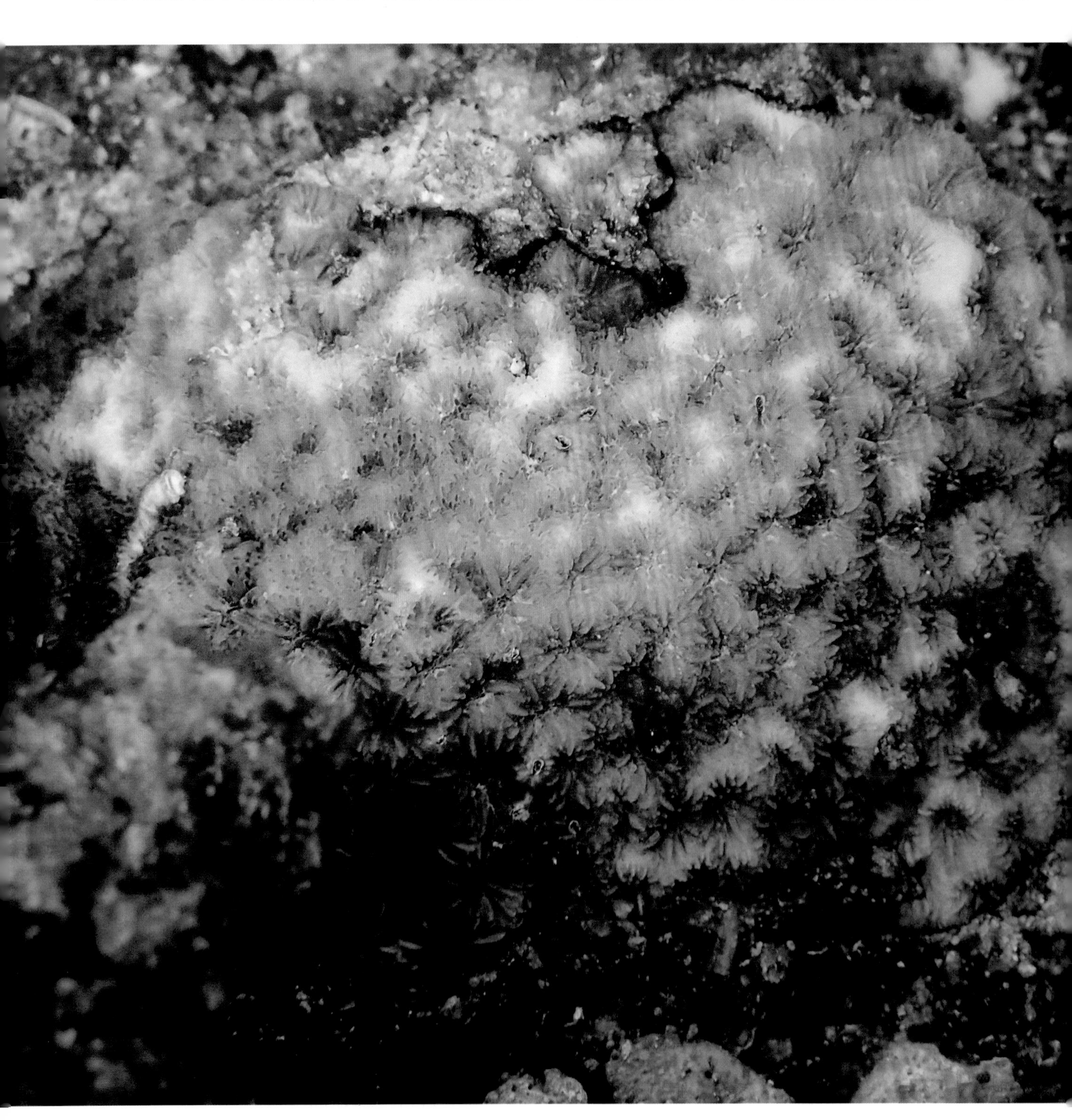

泡囊珊瑚科

Plerogyridae Rowlett, 2020

泡囊珊瑚属 *Plerogyra* 原未定科，现已修订为泡囊珊瑚科。

泡囊珊瑚属 *Plerogyra* Quelch, 1884

群体为扇形 - 沟回形或笙形；隔片大而坚固，边缘光滑，突出，间距大；轴柱不发育，外鞘空泡状；群体表面布满泡囊，触摸时会收回。

200. 泡囊珊瑚 *Plerogyra sinuosa* (Dana, 1846)

同物异名 无

生长型 群体整体形似倒置的圆锥体。

骨骼微细结构 幼体时呈笙形，随着生长逐渐变为扇形和扇形 - 沟回形，弯曲的谷常分成多个独立的笙形到扇形的分枝；隔片常排成不明显的 4 轮，隔片不规则且间距大，厚 2.5 mm，长 35 mm，突出近 20 mm，隔片边缘和两侧均光滑。

颜色、生境及分布 生活时为灰白色或浅棕色，群体表面布满直径约 2 cm 的葡萄状囊泡，囊泡有时呈管状、分叉状或不规则，囊泡布满白色线纹，触动时几乎不收缩或收缩很慢，夜晚触手才伸出。多生于受庇护的生境，尤其是潟湖和礁坡底部。广泛分布于印度 - 太平洋海区。

保护及濒危等级 国家 II 级重点保护野生动物，IUCN-近危。

参考文献

陈柏云 . 1982. 西沙、中沙群岛海洋浮游桡足类的种类组成和分布 . 厦门大学学报 (自然科学版), 21(2): 209.

海南省海洋厅调查领导小组 . 1996. 海南省海岛资源综合调查研究报告 . 北京 : 海洋出版社 .

黄晖 , 江雷 , 袁涛 , 等 . 2021. 南沙群岛造礁石珊瑚 . 北京 : 科学出版社 .

黄金森 . 1980. 南海黄岩岛的一些地质特征 . 海洋学报 (中文版), 2(2): 112-123.

黄金森 . 1987. 中沙环礁特征 . 海洋地质与第四纪地质 , 7(2): 21-24.

黄林韬 , 黄晖 , 江雷 . 2020. 中国造礁石珊瑚分类厘定 . 生物多样性 , 28(4): 515-523.

黎雨晗 , 黄海波 , 丘学林 , 等 . 2020. 中沙海域的广角与多道地震探测 . 地球物理学报 , 63(4): 1523-1537.

刘韶 . 1987. 中沙群岛礁湖沉积特征的探讨——兼论礁湖的地貌单元 . 海洋学报 (中文版), 9(6): 794-797.

陆化杰 , 童玉和 , 刘维 , 等 . 2018. 厄尔尼诺年春季中国南海中沙群岛海域鸢乌贼的渔业生物学特性 . 水产学报 , 42(6): 912-921.

沈寿彭 , 吴宝铃 . 1978. 中沙群岛浮游多毛类的初步调查 . 海洋与湖沼 , 9(1): 99-107.

孙典荣 , 邱永松 , 林昭进 , 等 . 2006. 中沙群岛春季珊瑚礁鱼类资源组成的初步研究 . 海洋湖沼通报 , (3): 85-92.

佟飞 , 陈丕茂 , 秦传新 , 等 . 2015. 南海中沙群岛两海域造礁石珊瑚物种多样性与分布特点 . 应用海洋学学报 , 34(4): 535-541.

王璐 , 余克服 , 王英辉 , 等 . 2017. 南海中沙群岛、西沙群岛珊瑚岛礁区海水重金属的分布特征 . 热带地理 , 37(5):718-727.

鄢全树 , 石学法 , 刘季花 , 等 . 2007a. 中沙群岛近海表层沉积物中的火山灰及其对构造环境的响应 . 海洋地质与第四纪地质 , 27(4): 9-16.

鄢全树 , 石学法 , 王昆山 . 2007b. 中沙群岛附近海域沉积物中的轻矿物分区及物质来源 . 海洋学报 , 29(4): 97-104.

中国科学院南海海洋研究所 . 1978. 我国西沙、中沙群岛海域海洋生物调查研究报告集 . 北京 : 科学出版社 .

邹仁林 . 2001. 中国动物志 腔肠动物门 珊瑚虫纲 石珊瑚目 造礁石珊瑚 . 北京 : 科学出版社 .

Arrigoni R, Berumen M L, Stolarski J, et al. 2019. Uncovering hidden coral diversity: a new cryptic lobophylliid scleractinian from the Indian Ocean. Cladistics, 35: 301-328.

Arrigoni R, Huang D, Berumen M L, et al. 2021. Integrative systematics of the scleractinian coral genera *Caulastraea*, *Erythrastrea* and *Oulophyllia*. Zoologica Scripta, 50(4): 509-527.

Arrigoni R, Kitano Y F, Stolarski J, et al. 2014. A phylogeny reconstruction of the Dendrophylliidae (Cnidaria, Scleractinia) based on molecular and micromorphological criteria, and its ecological implications. Zoologica Scripta, 43(6): 661-688.

Arrigoni R, Stolarski J, Terraneo T I, et al. 2023. Phylogenetics and taxonomy of the scleractinian coral family Euphylliidae. Contributions to Zoology, 92(2): 130-171.

Benzoni F, Stefani F, Stolarski J, et al. 2007. Debating phylogenetic relationships of the scleractinian Psammocora: molecular and morphological evidences. Contributions to Zoology, 76(1): 35-54.

Chen C A, Odorico D M, Tenlohuis M, et al. 1995. Systematic relationships within the Anthozoa (Cnidaria: Anthozoa) using the 5′-end of the 28S rDNA. Molecular Phylogenetics and Evolution, 4: 175-183.

Fukami H, Chen C A, Budd A F, et al. 2008. Mitochondrial and nuclear genes suggest that stony corals are monophyletic but most families of stony corals are not (order Scleractinia, class Anthozoa, phylum Cnidaria). PLoS ONE, 3(9): e3222

Guo J, Yu K F, Wang Y H, et al. 2019. Potential impacts of anthropogenic nutrient enrichment on coral reefs in the South China Sea: evidence from nutrient and chlorophyll a levels in seawater. Environmental Science: Processes & Impacts, 21(10): 1745-1753.

Ke Z X, Liu H J, Wang J X, et al. 2016. Abnormally high phytoplankton biomass near the lagoon mouth in the Huangyan Atoll, South China Sea. Marine Pollution Bulletin, 112(1-2): 123-133.

Ke Z X, Tan Y H, Huang L M, et al. 2018. Spatial distribution patterns of phytoplankton biomass and primary productivity in six coral atolls in the central South China Sea. Coral Reefs, 37(3): 919-927.

Kitahara M V, Fukami H, Benzoni F, et al. 2016. The new systematics of scleractinia: integrating molecular and morphological evidence // Goffredo S, Dubinsky Z. The Cnidaria, Past, Present and Future (Cham). Cham: Springer: 41-59.

Li K Z, Ke Z X, Tan Y H. 2018. Zooplankton in the Huangyan Atoll, South China Sea: a comparison of community structure between the lagoon and seaward reef slope. Journal of Oceanology and Limnology, 36(5): 1671-1680 .

Liang Y T, Yu K F, Pan Z L, et al. 2021. Intergeneric and geomorphological variations in Symbiodiniaceae densities of reef-building corals in an isolated atoll, central South China Sea. Marine Pollution Bulletin, 163: 111946.

Luzon K S, Lin M F, Ablan L, et al. 2017. Resurrecting a subgenus to genus: molecular phylogeny of *Euphyllia* and *Fimbriaphyllia* (order Scleractinia; family Euphylliidae; clade V). PeerJ, 5: e4074.

Romano S L, Palumbi S R. 1996. Evolution of scleractinian corals inferred from molecular systematics. Science, 271(5249): 640-642.

Veron J E N. 1995. Corals in space and time: the biogeography and evolution of the Scleractinia. London: Cornell University Press.

Wallace C C. 1999. Staghorn corals of the world: a revision of the genus *Acropora*. Collingwood: CSIRO Publishing.

Wells J W. 1956. Scleractinia // Moore R C. Treatise on Invertebrate Paleontology, Part F Coelenterata. Lawrence: Geological Society of America & University of Kansas Press: 328-444.

Zhang R J, Zhang R L, Yu K F, et al. 2018. Occurrence, sources and transport of antibiotics in the surface water of coral reef regions in the South China Sea: potential risk to coral growth. Environmental Pollution, 232: 450-457.

Zhu W C, Li N N, Ai H, et al. 2010. The characteristics of biodiversity of fish in Xisha & Zhongsha Islands. Guangdong Agricultural Sciences, (12): 1-6.

中文名索引

拉丁名索引

S

T